分布式视频编码算法与系统

邸金红　著

国防工业出版社

·北京·

内 容 简 介

军工企业是一个国家战略性生产能力、创新能力并通过分析各军工企业在不同时期业务侧重的变化，进而了解其所在国家的国防建设及国防需求的变化，冀望为我国军工企业及国防科技的创新发展提供启示和参考。

图书在版编目（CIP）数据

分布式视频编码算法与系统/邸金红著．—北京：国防工业出版社，2016.7

ISBN 978-7-118-10817-0

Ⅰ.①分… Ⅱ.①邸… Ⅲ.①视频编码—研究

Ⅳ.①TN762

中国版本图书馆 CIP 数据核字（2016）第 143343 号

※

*国防工业出版社*出版发行

（北京市海淀区紫竹院南路 23 号　邮政编码　100048）

国防工业出版社印刷厂印刷

新华书店经售

*

开本 880×1230　1/32　印张 6½　字数 182 千字

2016 年 7 月第 1 版第 1 次印刷　印数 1－2000 册　定价 69.00 元

（本书如有印装错误，我社负责调换）

国防书店：（010）88540777　　　发行邮购：（010）88540776

发行传真：（010）88540755　　　发行业务：（010）88540717

前言

分布式视频编码（distributed video coding, DVC）是一种全新的视频编码模式，它基于 Slepian – Wolf 和 Wyner – Ziv 编码理论，采用帧内编码加帧间解码，将计算复杂度从编码端转移到了解码端，具有编码器复杂度低、编码端耗电量低、容错性好等特点，使得其特别适合于一些计算能力、内存容量、耗电量都受限的无线视频终端（如无线视频传感器监控系统、移动摄像手机和便携式摄像机等），并随着这些新视频应用的成长在近几年快速发展起来。

从技术角度讲，DVC 技术涉及信源编码、信道编码、视频编码等诸多领域，横跨多个学科分支。从信息论的角度分析，DVC 系统可以达到和传统视频编码 H. 264/AVC 相同的率失真（Rate Distortion, RD）性能，但是实际上 DVC 的性能和 H. 264/AVC 之间存在着较大的差距。要改进 DVC 性能上的不足，需要多方面的理论支持。变换、量化、纠错编码、运动估计/补偿、重建、码率控制等技术均需要在新的框架下重新设计和优化。DVC 中还有一些特有的环节，需要做进一步深入的研究，如编码复杂度和压缩效率的权衡、边信息的生成、虚拟信道相关性的估算、分布式编码的抗误码性能等。DVC 的架构随着理论的不断深入将进一步改进，从而建立一个真正符合分布式应用环境的高效编码架构。因此需要从理论到实践对 DVC 技术进行深入地研究。

全书共分为 8 章，各章的主要内容如下：

第 1 章为绪论，首先分析了分布式视频编码技术研究的背景和意义；其次简单介绍了视频编码技术的发展；接着阐述了分布式视频编码的 Slepian – Wolf 理论和 Wyner – Ziv 理论两大基本理论；然后概述了分布式视频编码的实现架构和研究现状；最后介绍了本书的主要研究成果与内容安排。

第 2 章为边信息生成算法研究，首先总结了现有的边信息生成技术，并介绍了几种典型的边信息生成方法；接着提出了一种基于卡尔曼滤波的边信息生成方法，用卡尔曼滤波对运动估计过程中产生的运动矢量进行精化，提高运动矢量的准确度，将卡尔曼滤波和前向运动估计、双向运动估计以及空间平滑相结合生成边信息，仿真表明边信息质量得到了提升；最后针对剧烈运动的视频区域，提出了一种边信息改进方法，使用时空相关性提高了边信息的质量。

第 3 章为虚拟相关信道建模，对虚拟相关信道建模进行了研究，首先介绍两种 DVC 中常用的信道模型；然后详细介绍应用最广的拉普拉斯信道中参数的估计方法，包括像素域和变换域的相关噪声参数估计；最后提出一种基于残差能量分类的变换域理想相关噪声模型和基于像素域相关噪声辅助的直流系数修正算法，并进行了实验验证。

第 4 章为基于小波域的分布式视频编码，首先概述了小波域的 DVC 系统的研究现状；接着介绍了几种典型的小波域 DVC 架构；然后提出了一种小波域 DVC 系统的改进方案，对小波变换系数进行格雷码编码，能够减小 Wyner – Ziv（WZ）帧和边信息之间的相关噪声误差。同时采用了更有效的虚拟信道模型和边信息生成技术。已解码的 WZ 帧含有当前帧的信息，利用已解码 WZ 帧信息对初始边信息进行精化，采用融合技术生成新的边信息辅助 LDPC 解码器重新解码重建 WZ 帧；最后仿真论证了改进的边信息能明显提高重建视频的质量，进而改善了系统的率失真性能。

第 5 章为基于棋盘分类的分布式视频编码，首先简述了信源分类的分布式视频编码方案的研究现状；接着从理论上分析了 WZ 帧分类编码的可行性；提出了一种基于棋盘分类的 DVC 方案，在编码端，按照棋盘格式将 WZ 帧分成两部分进行独立编码。在解码端，采用三维递归搜索运动估计算法产生初始边信息，进而重建 WZ 帧的第一部分，接着用时空边界匹配算法对 WZ 帧的第二部分对应的边信息进行运动补偿精化，辅助解码 WZ 帧。仿真结果表明，与传统的分布式视频编码系统相比，提出的方案虽然增加了一些解码延迟，但是有效地提高了系统的率失真性能。

第 6 章为面向视频监控的分布式视频编码，首先简述了研究视频监控技术的重要意义；接着介绍了几种基于视频监控的 DVC 系统框图；然后提出了一种新的适用于视频监控的低延迟 DVC 方案，在编码端，采用一种基于时空相关性的 WZ 帧编码模式判决方法，利用 SKIP 模式减小码率；在解码端采用基于 Lucas – Kanade 算法的边信息外推方法，实现了系统的顺序解码。这种边信息外推方法运算复杂度较高，但是运动矢量估计非常精确。仿真结果表明，与传统的基于外推的分布式视频编码系统相比，提出的方案系统率失真性能明显提升。

第 7 章为基于压缩感知的分布式视频编码，首先介绍了基于压缩感知的分布式视频编码的一般结构；接着阐述了压缩感知的基本理论；最后提出了一种基于残差重构的分布式压缩感知视频编码方案，该方案利用相邻关键帧迭代进行 1/4 精度的运动估计/运动补偿操作以保证边信息的准确性；对边信息进行测量，并对测量残差值进行总变分最小化（Total Variation Minimization，TVmin）重构。实验证明，在相同的采样率下，提出的算法与传统分布式压缩感知视频编码方案相比，提出的算法可以获得明显的峰值信噪比增益。

第 8 章为分布式多视点视频编码，主要研究了分布式多视点视频编码技术。首先介绍了分布式多视点的一般框架，接着简述了视点间空间边信息的生成方法，最后对基于虚拟视点合成的方法生成 DMVC 的空间边信息进行了实验仿真。

本书的编写和出版得到了航空经济发展河南省协同创新中心、郑州航空工业管理学院信息与通信工程重点学科和复杂背景下目标探测与识别技术创新团队的支持和资助。同时也得到了河南省科技攻关项目（项目编号：142102210506）、河南省教育厅重点项目（项目编号：14B510029）、郑州市科技计划－普通科技攻关项目（项目编号：20140704）以及福建省自然科学基金面上项目（项目编号：2012J01251）的支持。另外，还得到了北京邮电大学的大力支持。本书主要由邸金红博士组织撰写并统稿，叶锋博士参与了第 3 章的撰写，常侃副教授参与了第 7 章的撰写，范曼曼工程师参与了第 8 章的撰写工作。他们都为本书的顺利出版，给予很大帮助，并做了大量的工作，在此表示感谢！

　　本书在分布式视频编码的算法与系统研究方面做了初步的探讨，希望能为该领域的研究人员提供参考。由于作者水平有限，书中的论述难免出现疏漏，恳请广大读者批评指正。

作者

2015 年 12 月

目录

第1章

绪 论

1.1 引 言

随着因特网和移动通信的迅猛发展，以数字图像和数字视频为核心的多媒体技术在人们的日常生活中获得了日益广泛的应用，如数字电视、数字视频存储、视频会议、无线视频会话等。H. 264/AVC 是目前主流的视频编码标准。据统计，基于 H. 264/AVC 视频压缩格式的应用已占据网络多媒体通信领域 66% 的市场份额。鉴于 H. 264/AVC 的巨大成功，2010 年 4 月，国际数字视频压缩标准组织（Joint Collaborative Team on Video Coding，JCT – VC）启动了下一代数字视频压缩标准的规划，将其命名为高效视频编码（High Efficiency Video Coding，HEVC），主要研究进一步提高编码效率的新工具和新方法。H. 264 和 HEVC 均采用变换编码和预测编码技术相结合的混合编码框架。编码器端采用运动估计/补偿技术，其计算复杂度比解码端高出很多，通常为解码端的 5～10 倍。这种不对称的编码方式适用于视频信号一次编码、多次解码的场景，如视频广播、视频点播、视频光盘存储等。

随着网络技术、无线技术和计算机技术的飞速发展，近年来涌现出许多具有崭新特点的多媒体应用设备，如无线视频传感器监控网络、移动摄像手机和便携式摄像机等。它们在存储容量、计算能力和功率资源等方面都受到很大的限制，这些应用场景的视频编码具有不同于传统视频压缩编码的特点，编码设备简单并且能量受限，而解码设备一般无能量限制并且具有较强的计算能力。因此编码复杂度较高的传统混合编码技术 H. 264 及 HEVC 不再适用新应用的需求。一种新的视频编码框架——分布式视频编码（Distributed Video Coding，DVC）开始引起人们的关注，它为以上应用场合提供了很好的解决方案。DVC 突破了传统视频编码的束缚，将耗时耗功率的运动估计/补偿从编码端移到解码端，采用"帧内编码+帧间解码"技术，有效降低了编码复杂度。此外 DVC 系统结构还具有抗传输误码的优点。

随着"三网融合"与"物联网"产业的不断推进，DVC 技术作为具有巨大应用价值和研究价值的新一代视频压缩编码技术，正得到业内广泛的关注和研究。从应用角度讲，DVC 技术在基于移动设备的视频会议、分布式视频交互以及移动可视电话等诸多场合都有着广泛的应用。从技术角度讲，DVC 技术涉及信源编码、信道编码、视频编码等诸多领域，横跨多个学科分支。因此，致力于研究此项技术进而推动相关领域快速发展，具有重要意义。

从信息论的角度分析，DVC 系统可以达到和传统视频编码 H. 264/AVC 相同的率失真（Rate Distortion，RD）性能，但是实际上 DVC 的性能和 H. 264/AVC 之间存在着较大的差距。要改进 DVC 性能上的不足，需要多方面的理论支持。变换、量化、纠错编码、运动估计/补偿、重建、码率控制等技术均需要在新的框架下重新设计和优化。DVC 中还有一些特有的环节，需要做进一步深入的研究，如编码复杂度和压缩效率的权衡、边信息的生成、虚拟信道相关性的估算、分布式编码的抗误码性能等。DVC 的架构随着理论的不断深入将进一步改进，从而建立一个真正符合分布式应用环境的高效编码架构。因此需要从理论到实践对 DVC 技术进行深入地研究。

本章首先概述视频编码技术的发展，其次介绍分布式视频编码的理论基础，然后给出了分布式视频编码几种典型的实现方案，最后总结了分布式视频的主要应用和关键技术。

1.2　视频编码技术的发展

数字视频技术的广泛应用，促使了许多视频编码标准的产生。致力于视频压缩的两个国际组织，国际标准化组织（ISO/IEC）和国际电信联盟（ITU - T）陆续颁布了一系列视频压缩标准 MPEG - X 和 H. 26X，极大地推动了视频编码技术的发展。现行视频压缩标准的发展过程如图 1 - 1 所示。

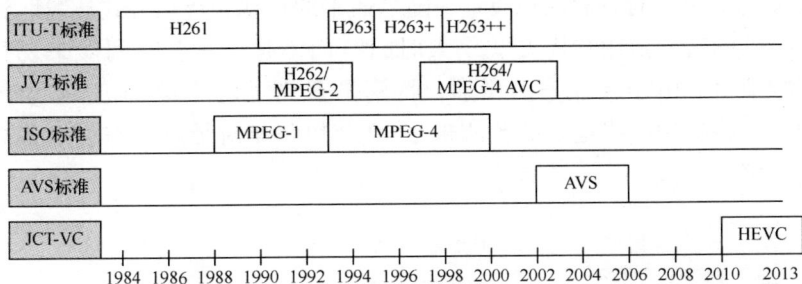

ITU-T标准	H261			H263	H263+	H263++					
JVT标准		H262/MPEG-2			H264/MPEG-4 AVC						
ISO标准		MPEG-1		MPEG-4							
AVS标准							AVS				
JCT-VC										HEVC	

1984 1986 1988 1990 1992 1994 1996 1998 2000 2002 2004 2006 2008 2010 2013

图 1 - 1　现行视频压缩标准发展过程示意图

1993 年，活动图像专家组（Moving Picture Expert Group, MPEG）公布了 MPEG - 1 视频编码标准，主要用于家用 VCD 的视频压缩。

1994 年，ITU - T 和 ISO/IEC 联合公布了 H. 262/MPEG - 2 标准，用于数字视频广播、家用 DVD 的视频压缩和高清晰度电视。

1995 年，ITU - T 推出 H. 263 标准，用于低于 64kb/s 的低码率视频传输。此后又在 1998 年和 2000 年分别公布了 H. 263 + 标准和 H. 263 + + 标准。

1999 年，ISO/IEC 通过了视听对象的编码标准——MPEG - 4，它除了定义视频压缩编码标准外，还强调了多媒体通信的交互性和灵活性。

2003 年 5 月，ITU - T/ISO 正式公布了 H. 264/AVC 视频压缩标准，由于其具有比以往标准更出色的性能，受到了广泛的重视和欢迎。2005 年 3 月推出了高保真扩展（Fidelity Range Extension, FRExt），用于高清晰度及演播室质量的视频压缩。此后在 2007 年 11 月推出了可分级视频编码（Scalable Video Coding, SVC）扩展，又在 2009 年 3 月推出了多视点视频编码（Multiview Video Coding, MVC）扩展。

随着网络技术和终端处理能力的不断提高，人们对目前广泛使用的 H. 264/AVC 压缩标准提出了新的要求。如图 1 - 2 所示，视频压缩无处不在。基于视频的 web 业务持续增长，业务量直逼 TV 应用。这几年来，YouTube 已经占据了视频业务 27% 的市场。同时，用户的期望决定了视频的灵活性和质量，随之而来的是视频传输方式从线性到非线性的转变。用户需要"个人时间"而不是"重要时间"来观看视频节目。由于新业务的增加，特别是智能手机的 4G/LTE 移动传输，一些移动网络运营商预测未来 10 年里每年对带宽的需求都将提高一倍。

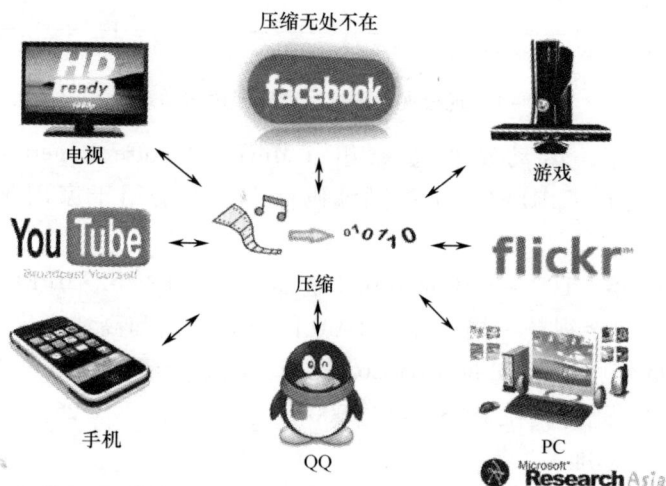

图 1 - 2　视频需求

虽然这些需求在一定程度上可通过网络效率提升和物理层的技术来实现，但是视频压缩也同样重要。H. 264/AVC 发布以后，经过几年的发展（例如，新型运动补偿、变换、插值和熵编码等技术的提出），具备了推出新一代视频编码标准的技术基础。

2010 年 4 月份，JCT - VC 第一次会议在德国德累斯顿召开，正式启动了下一代数字视频压缩标准的制定规划，目标是在 H. 264/AVC 高档次的基础上，压缩效率提高一倍以上。2010 年 7 月，确定了编码工具实验参考模型（Test Model under Consideration，TMuC），成立了 AD HOC 小组，分领域搜集和审阅技术提案（Call for Proposals，CfP）。2010 年 10 月完成了测试模型的选择。通过各种标准草案版本，进一步完善测试模型设计，于 2013 年 1 月完成标准的最终稿。2013 年 11 月 25 日，ISO/IEC 正式公布了 H.265/HEVC 标准。标准发布之后，相关标准的进一步工作仍然在继续。JCT－VC 现有的工作主要集中在就 H.265/HEVC 的扩展内容进行完善，如更高的比特深度、可伸缩 HEVC 编码和多视角立体编码等。

下面首先介绍主流的 H.264/AVC 标准的关键技术，然后介绍 HEVC 标准中的一些新方法和新技术。

1.2.1　H.264/AVC 标准

H.264/AVC 标准是目前主流的视频压缩标准。它既保留了以往压缩技术的优点，又具有其他压缩技术无法比拟的优点。

（1）低码率：与 MPEG2 和 MPEG4 等压缩技术相比，在同等图像质量下，采用 H.264 技术压缩后的数据量只有 MPEG2 的 1/8，MPEG4 的 1/3。

（2）容错能力强：在不稳定网络环境下，H.264 提供了解决"丢包"等错误的必要工具。

（3）网络适应性强：H.264 提供了网络抽象层（Network Abstraction Layer，NAL），使得 H.264 码流能容易地在不同网络上传输（如互联网、CDMA、GPRS、WCDMA、CDMA2000 等）。

H.264/AVC 标准沿用基于块的预测/变换混合编码框架。如图 1－3 所示。为了提高编码效率，H.264/AVC 采用了一些新技术。亮度帧内预测有 Intra4×4 和 Intra16×16 两种编码模式。其中 4×4 亮度子块有 9 种可选预测模式，而 16×16 亮度子块有 4 种可选预测模式。可变块大小的帧间预测和亚像素的运动估计是去除帧间冗余的主要技术。帧间预测划分方式多达 7 种。H.264 对图像或者预测残差采用了 4×4 整数离散余弦变换技术，避免了以往标准中使用的通用 8×8 离散余弦变换、逆变换经常出现的失配问题。此外，H.264 的先进技术还包括多参考帧运动估计、自适应去块滤波器、基于码率控制的编码端控制策略和改进的熵编码技术等。将各种编码工具按照各自

特性和复杂度进行组合，H. 264/AVC 定义了 3 种档次：基本档次
（Baseline Profile）、主要档次（Main Profile）和扩展档次（Extend
Profile）。每个档次支持一组特定的编码功能及一类应用。基本档次
支持 I 帧和 P 帧的编码、基于上下文自适应变长编码（Context -
Adaptive Variable Length Coding，CAVLC）等，主要用于可视电话、
视频会议等实时应用；主要档次支持隔行视频、B 帧编码、加权预
测、基于上下文的二进制算术编码（Context - Adaptive Binary Arith-
metic Coding，CABAC）等，主要用于数字电视广播与数字视频存储
等；扩展档次支持 SP 及 SI 片、支持数据分割等，主要针对的是流媒
体应用。

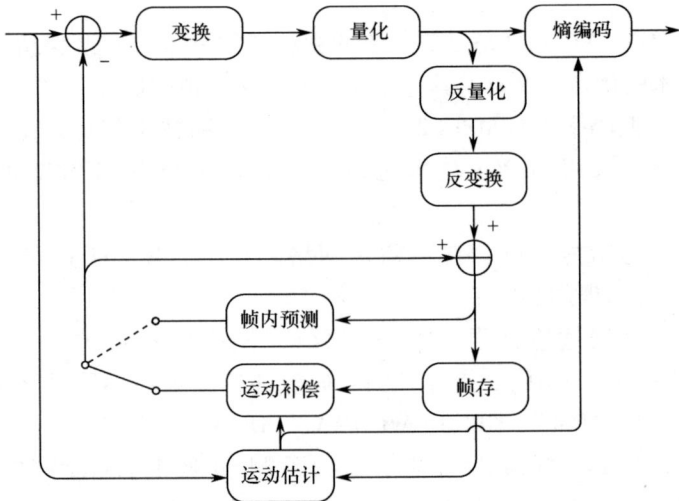

图 1 - 3   基于块的预测/变换混合编码框架

1.2.2   HEVC

HEVC 主要是针对高清晰度、高质量的视频应用，着力研究新的
编码工具或技术，提高视频压缩效率。HEVC 依然沿用混合编码
框架。

现行的 HEVC 编码框架草案将编码宏块分为编码单元（Coding
Unit，CU）、预测单元（Prediction Unit，PU）和变换单元（Transform

Unit，TU），三者的关系如图 1 - 4 所示。其中 CU 的最大尺寸为 64 × 64，并采用四叉树算法进行递归，将其划分为 PU。PU 除了按照传统的划分方法划分成对称类型（2N × 2N，2N × N，N × 2N，N × N），又可以划分为非对称类型（2N × nU，2N × nD，nL × 2N，nR × 2N）。与传统的 H. 264 的宏块模式相比，HEVC 的 CU 和 PU 拥有更多的宏块模式。TU 是变换和量化的基本单元。TU 的大小能超过 PU 的大小，但是不能超过 CU 的大小。

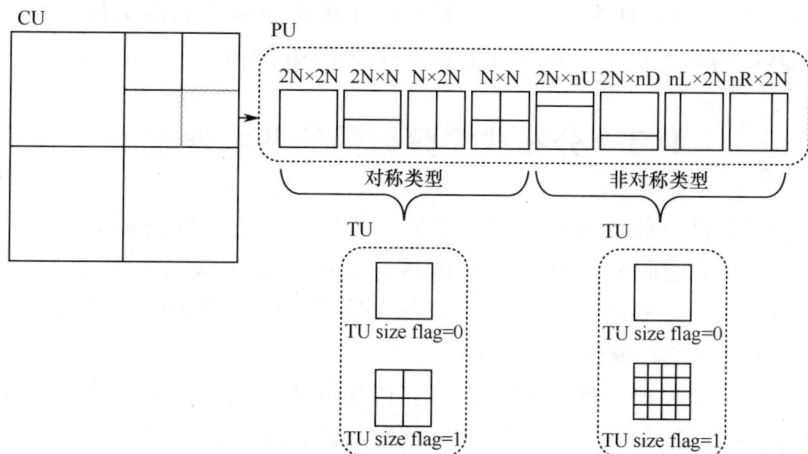

图 1 - 4　HEVC 中的编码单元（CU）、预测单元（PU）和变换单元（TU）

　　HEVC 提出了联合帧内预测算法(Unified Intra prediction，UDI)，结合了任意方向帧内预测（Arbitrary Directional Intra，ADI）和角度帧内预测（Angular Intra Prediction，AIP）。帧内预测编码工具为 PU 的亮度分量提供了包括直流和平面模式在内的 35 个方向的预测模式，但真正可用的预测模式与 PU 的尺寸有关。帧间预测编码技术提案中，HEVC 继续采用 H. 264 的等级 B 预测方式以外，还增加了广义 B（Generalized P and B picture，GPB）预测方式。运动融合技术将 DIRECT 模式和 SKIP 模式的概念进行了整合。编码时当前 PU 块只需传输融合标记及融合索引，而无须传输其运动信息。高级运动矢量预测（Advanced Motion Vector Prediction，AMVP）为一般的帧间预测 PU 服务。在新的 HM 模型中，统一了 AMVP 和运动融合技术的参考列表构造。HEVC 提案中，取消了对 4×4 宏块的去块滤波，同时增加了自适应抽样补偿和自适应环路滤波等新技术。变换和量化中，HEVC 扩展了变换块大小，采用了包含 16×16，32×32，64×64 等变换块的变换矩阵、旋转变换和基于模式的方向性变换来提高编码性能。熵编码则采用了自适应系数扫描技术，提出了基于语法的上下文自适应二进制算术编码算法等。

在现有的编码框架之外开拓新的编码方法也是视频编码的发展趋势之一。本书所研究的 DVC 即是不同于传统视频编码的架构。下面对 DVC 的基本理论、实现方案和关键技术做综述。

1.3 分布式视频编码的基本理论

DVC 是一种新的视频编码框架，编码端只进行帧内编码，因此大大降低了编码复杂度。DVC 的理论基础是分布式信源编码（Distributed Source Coding，DSC）。分布式是指对统计相关的信源 X 和 Y 分别进行独立压缩编码。

假设 X 和 Y 为两个相关信源。传统的无失真信源编码中，采用联合编码、联合解码方案编码两个信息源需要的最小速率为

$$\begin{cases} R_X \geq H(X) \\ R_Y \geq H(Y) \\ R_X + R_Y \geq H(X,Y) \end{cases} \qquad (1-1)$$

式中：$H(X)$ 和 $H(Y)$ 分别为 X 和 Y 的信息熵；$H(X,Y)$ 为联合熵。因此，当信源 X 和 Y 实现无失真编解码时，$H(X,Y)$ 为最小的可达速率。

然而，如果采用独立编码、联合解码方案，编码两个信息源需要的最小速率又是多少？Slepian - Wolf 理论提供了无损压缩的理论依据，而 Wyner - Ziv 理论将 Slepian - Wolf 理论扩展到了有损压缩领域。两种理论表明，对两个统计相关的信源采用分布式的方法（独立编码，联合解码）进行压缩能够达到与传统的编码框架（联合编码，联合解码）同样的效率。

1.3.1 Slepian – Wolf 无损压缩理论

Slepian – Wolf 理论证明了在独立编码联合解码的情况下，编码信源 X 和 Y 所需的最小传输速率。如图 $1-5$ 所示，$I_X \equiv f(X)$ 和 $I_Y \equiv f(Y)$ 分别表示编码后 X 和 Y 的符号。I_X 和 I_Y 的编码速率分别用 R_X 和 R_Y 表示。解码的信息为 $\hat{X} \equiv g(I_X, I_Y)$，$\hat{Y} \equiv g(I_Y, I_X)$。信源 X 和重建值 $\hat{X}$ 之间的误差定义为 δ，即 $\delta = d(X, \hat{X})$。对于任意小的 $\delta \geqslant 0$，编码速率范围满足

$$\begin{cases} R_X \geqslant H(X \mid Y) \\ R_Y \geqslant H(Y \mid X) \\ R_X + R_Y \geqslant H(X, Y) \end{cases} \tag{1-2}$$

式中：$H(X \mid Y)$ 为已知 Y 的情况下 X 的条件熵；$H(Y \mid X)$ 为已知 X 的情况下 Y 的条件熵。式（$1-2$）表明，在无损压缩时，独立编码联合解码情况下，相关信号编码速率与联合编码联合解码情况下的速率是相同的。

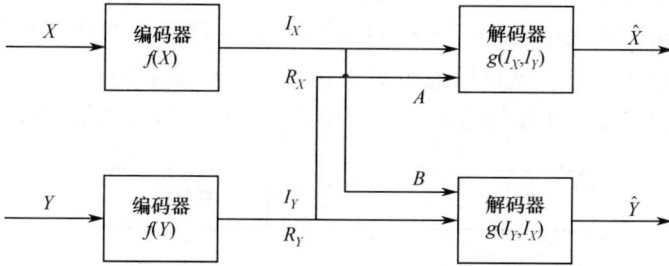

图 $1-5$　信源 X 和 Y 独立编码和相关解码示意图

从式（$1-1$）和式（$1-2$）可知，两个相关信源独立编码时，总的编码速率与联合编码时相等，都等于联合熵。在理论上，独立编码联合解码与传统的编码方法中的联合编码联合解码方案相比较，并没有损失压缩效率。图 $1-6$ 中阴影区域表示 X 和 Y 进行无损分布式压缩编码的可达速率范围。其中当 $R_Y = H(Y)$ 时，R_X 只要满足 $R_X \geqslant H(X \mid Y)$ 的条件就能够实现无失真编码，此时 R_X 的最低速率为 $H(X \mid Y)$，对应图 $1-6$ 中的 A 点；同样，$R_X = H(X)$ 时，R_Y 只要满

足 $R_Y \geqslant H(Y|X)$ 的条件就能实现无失真编码，此时 R_Y 的最低速率为 $H(Y|X)$，对应图中的 B 点。

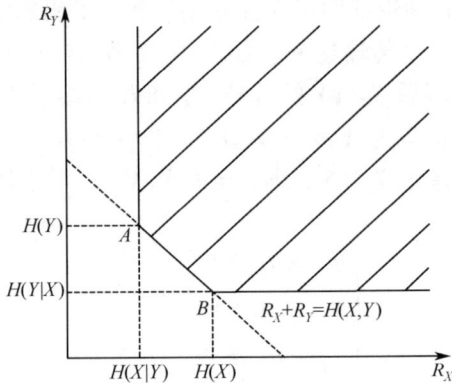

图 1-6　Slepian-Wolf 无失真编码边界理论

　　由于 X 与 Y 是相关序列，也可以认为在 X 与 Y 之间存在一个虚拟的"相关信道"，如图 1-7 所示。Y 序列是原始序列 X 通过含有某种噪声的信道后产生的。在解码端，为了实现无差错恢复 X，Y 序列结合 X 信道编码生成的冗余信息解码恢复 X 序列。这样，X 与 Y 序列之间的"误码"就可以通过对 X 编码的一种信道编码技术来纠正。因此，信道编码在新的分布式信源编码方法中发挥了重要的作用。

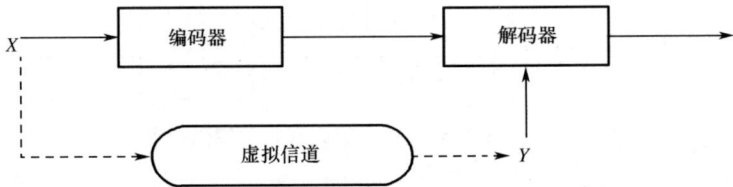

图 1-7　Slepian-Wolf 编码和信道编码示意图

1.3.2　Slepian-Wolf 编码器

Slepian-Wolf 编码与信道编码密切相关。1974 年，Wyner 首次用线性纠错码实现 Slepian-Wolf 编码。目前，许多分布式信源编码的构造都是基于信道编码技术。1999 年，Pradhan 和 Ramchandran 引领了分布式信源编码的研究浪潮，提出 DISCUS （Distributed Source Coding Using Syndromes） 方案，用网格陪集结构描述了 DISCUS 的实用性。Wang 和 Orchard 用嵌入式网格结构实现高斯信源的非对称 Slepian – Wolf 编码，并得到了比文献 ［42］ 更优的结果。文献 ［44］ 提出了基于卷积码的 Slepian – Wolf 编码器。

为了提高 DSC 的效率，可将接近香农信道容量理论极限的信道编码技术用于 DSC，且这些技术通常需要迭代解码。信道纠错编码器趋于简单，而解码器的计算复杂度较高。有研究表明，Turbo 码具有很好的纠错性能。文献 ［46］ 采用 Turbo 码构造实际应用的 Slepian – Wolf 编码器，如图 1 – 8 所示。Turbo 编码由两个并联的循环系统卷积 （Recursive Systematic Convolutional, RSC） 编码器组成。一个交织器将两个 RSC 编码器分离，且只传输两个编码器输出的校验位作为 DSC 的 "边信息"。这里纠错码码率取 2/N。在解码端，边信息用于 "信道输出" 重建。输出值作为 Turbo 解码器的输入。Turbo 解码器由两个软输入软输出 （Soft – Input Soft – Output, SISO） 解码器组成。

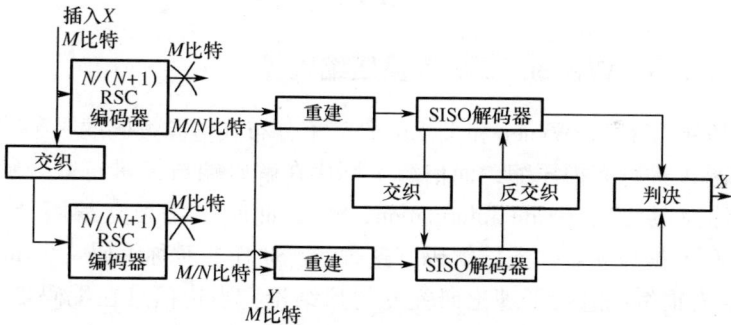

图 1 – 8　采用 Turbo 码的分布式编解码框图

另一种常用的信道码是低密度奇偶校验 （Low Density Parity Check, LDPC） 码。LDPC 码属于线性分组码，用校验矩阵 $\boldsymbol{H}$ 来描述。它同 Turbo 码一样，具有逼近香农极限的性能。LDPC 码的低密度体现在 $\boldsymbol{H}$ 矩阵中 "1" 的稀疏性。LDPC 码的解码算法有和积译码、置信传播译码等。文献 ［47］ 提出了低密度奇偶校验累积 LDPCA 和低密度奇偶校验累积码 SLDPCA，如图 1 – 9 所示。提出的算法的一个主要特性：信源速率随着编码速率调整成 2/66，3/66，4/66，…，66/66。这种非常完美的精度正是分布式编码所需要的。最近，在分布式信源 – 信道编码中 Raptor 码的使用引起了人们的关注，其性能也能够逼近香农极限。

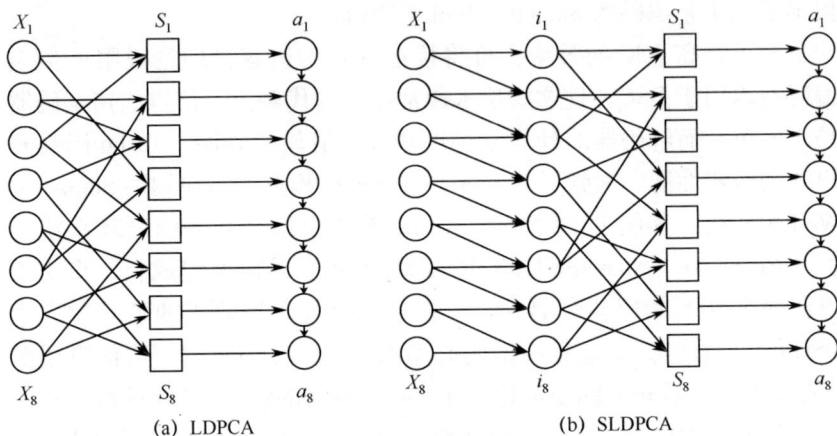

(a) LDPCA   (b) SLDPCA

图 1 – 9   LDPC 编码器

1.3.3 Wyner – Ziv 有损压缩理论

1976 年，A. Wyner 和 J. Ziv 研究了分布式信源编码的一种特例，对信源 X 进行有损压缩，而信源 Y 则用在解码端与 X 进行联合解码。Y 被称为边信息（Side Information，SI）。此时 Y 是独立编码独立解码，而 X 是独立编码条件解码，这种情况叫作非对称编码。Wyner 和 Ziv 对有损编码进行了理论研究并得出结论：当边信息在编码端不进行联合编码时会存在一定的码率损失。同时，也得出了 Wyner – Ziv 定理。对于一般的统计和均方误差测量方法，Zamir 证明了 Wyner – Ziv 编码码率损失少于 0.5bit/样本。后来，证明当 X 与 Y 的差值满足高斯分布时，没有编码码率损失。

考虑两个相关的信源 X 和 Y，以及两个独立编码器，一个独立解码器和一个联合解码器。如图 1 – 5 所示，在 B 信道开放，A 信道关闭的情况下，Y 被独立编码和解码，X 独立编码联合解码，则所需最低码率为图 1 – 6 中的 A 点（$H(X|Y),H(Y)$）；在 A 信道开放，B 信

道关闭的情况下，所需最低码率为图 1 - 6 中的 B 点（$H(X)$，$H(Y|X)$）。

Wyner – Ziv 编码是一种有损编码方法。Wyner 和 Ziv 认为，Y 的编解码过程是无失真的，而 X 的压缩过程是有失真的，允许失真度为 d，他们给出了率失真函数 $R_{X|Y}^{\mathrm{WZ}}(d)$：

$$R_{X|Y}^{\mathrm{WZ}}(d) \geqslant R_{X|Y}(d), d \geqslant 0 \qquad (1-3)$$

式中：$R_{X|Y}(d)$ 为当 Y 在编解码端均可用且平均失真度为 d 的情况下，编码信源 X 所需的最小编码速率。若 $d=0$ 则 Wyner – Ziv 理论变为 $R_{X|Y}^{\mathrm{WZ}}(0) \geqslant R_{X|Y}(0)$，与 Slepian – Wolf 相同。

1.3.4　Wyner – Ziv 编码器

通常来说，Wyner – Ziv 编码器由量化器和 Slepian – Wolf 编码器组成，如图 1 - 10 所示。量化后的信号经过 Slepian – Wolf 编码器进行编码。Slepian – Wolf 编码器是基于条件熵的原理，调节量化步长可改变率失真性能。解码端利用边信息作为辅助信息恢复传送的信息。M. Fleming 等将 Lloyd 算法推广到了局部最优的固定速率 Wyner – Ziv 矢量量化方案。此后，又考虑了率失真优化的矢量量化器。在这些量化器中，速率的评估是由量化系数的函数决定的。文献 [52] 采用码字长度进行速率控制。但是由于其公式中的矢量量化维度和熵编码块长度是相同的，因此最终的量化器难以兼顾复杂度和量化效果。D. Muresan 等提出了一种在众多的连续编码单元中找到全局最优量化器的有效算法。

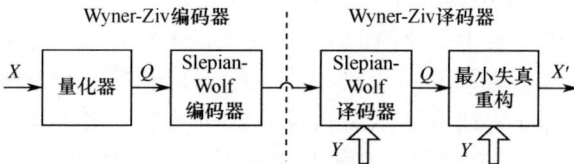

图 1 - 10　Wyner – Ziv 编码器示意图

D. Rebollo – Monedero 等提供了更为通用的 Lloyd 算法版本。该方案假设量化系数由理想的 Slepian – Wolf 编码器进行编码，速率估计依赖于量化系数和边信息，它的引入分离了 Slepian – Wolf 编码的块长和量化器的维度，这是实际系统设计的基本需求。文献［55］的研究表明，在高速率的情况下，Lattice 量化器能取得最优的性能。

1.4　分布式视频编码的实现方案

DVC 的一般结构如图 1 - 11 所示。其中，编码器由变换编码和 Wyner - Ziv 编码器级联而成；解码器由 Wyner - Ziv 解码器和逆变换级联实现。这种结构称为变换域 DVC。变换编码模块和逆变换模块是可选的，去掉这两个模块的分布式视频编码结构称为像素域 DVC。与变换域 DVC 相比，像素域 DVC 的相关噪声模型和码率控制相对简单，而编码效率比较低。

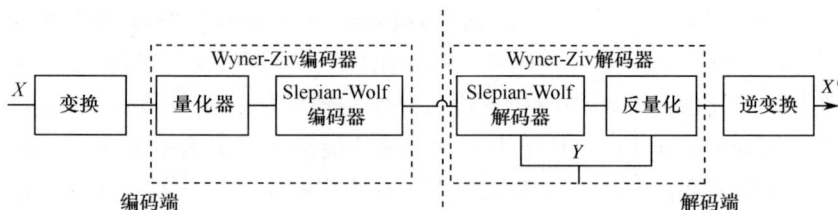

图 1 - 11　DVC 的一般结构

现有的变换域 DVC 系统中，比较典型的是离散余弦变换（Discrete Cosine Transform，DCT）和离散小波变换（Discrete Wavelet Transform，DWT）。Aaron 等提出了基于 DCT 的 DVC 方案，不同频率的变换系数有不同的统计特性，形成不同的位平面进行压缩编码。文献［57］提出了基于小波域的 DVC 方案，采用多级树集合分裂排序（SPIHT）算法，编码器对重要比特、标识位和精化位的变换系数进行编码。Gastpar 等研究了 Karhunen - Love 变换（KLT）在分布式视频编码中的应用，但它的使用前提条件是信源矢量的协方差矩阵与边信息的值无关，由于 KLT 的复杂性和前提假设的理想性，KLT 至今未应用到实际的视频编码系统中。

实用的 DVC 解决方案出现在 2002 年左右，比较典型的方案有斯坦福模型和伯克利模型。斯坦福框架是基于帧的 Slepian - Wolf 编码，且采用 Turbo 码编码。此外，反馈信道在解码端进行码率控制。几乎同时，伯克利框架也被提出，称为 PRISM（Power – efficient, Robust, High – compression, Syndrome – based Multimedia codig）。它是基于块的编码，采用简单的 BCH（Bose – Ray Chaudhuri – Hocquenghem）编码，且不需要反馈信道，在编码端进行码率控制。同时从编码端传送 Hash 信息辅助边信息进行解码重建，具有较强的鲁棒性。DISCOVER（Distributed Coding for Video Services）框架是由欧盟委员会信息社会技术第六框架计划（IST FP6）资助的研究项目。它基于 Stanford 框架，主要做了以下改进：在编码端根据视频内容的时间相关性动态调整图像组（Grope of Picture, GOP）大小；编码端增加了最小速率估计模块；采用了更为精确的虚拟相关信道模型；信道编码采用了可变速率的 LDPCA 码；解码端采用更为精确的边信息生成方法。2007 年，欧洲 DISCOVER 项目组公布了基于斯坦福架构的编码器在无差错条件下的率失真性能，其压缩效率超过了 H.264/AVC 的帧内编码压缩效率，甚至在某些情况下超过了低编码复杂度（无运动补偿）H.264/AVC 帧间编码压缩效率。同年伯克利团队公布的无误差环境下 PRSIM 编码器压缩效率与 H.263 + 相当，而且在无线差错环境下，与 H.263 + 采用 RS 码前向纠错方案（Forward Error Correction, FEC）或帧内刷新机制相比，PRSIM 系统抗误码性能明显优于 H.263 + 系统。

斯坦福框架后来被世界上很多研究团体所采纳和改进。在最初的斯坦福编解码器的基础上提出了很多改进的方法。例如，新的信源/信道编码代替了 Turbo 编码，更好的边信息估计，动态的相关噪声模型，改善的重建，可实现的和高效的请求停止准则。还有一些其他的提案，在原始的框架上引入结构的变动。例如，WZ 帧的编码允许选择两种编码方式（帧内和 WZ 模式）中的一种，这种选择是基于时域相关的有效性；编码器同时自适应的传输哈希码，以提高系统的率失真性能；反馈信道限制了视频编码的实时性，增加了系统的延时，因此提出了无反馈信道的 DVC 方案；在典型 DVC 方案的基础上提出可分级 DVC 方案；尝试通过增加具有冗余信息的辅助信道来增强视频的鲁棒性。

下面详细介绍一下目前最主要的 DVC 编码方案：①美国斯坦福大学的 Bernd Girod 研究小组提出的基于像素域的 DVC；②该研究小组稍后提出的基于 DCT 变换域的 DVC；③美国伯克利大学的 Kannan Ramchandran 课题组提出的 PRISM 方案；④欧洲研究组提出的 DISCOVER 框架。

1.4.1　基于像素域的 DVC 方案

基于像素域的分布式视频编码方案是在 2002 年由 Bernd Girod 等提出，DVC 框图如图 1 – 12 所示。该系统是由基于像素域的帧内编码器和帧间解码器组成。首先将视频序列按照一定的分组规则（Group of Picture，GOP）划分为关键帧 K 和 WZ 帧，这里取 GOP 为 2，即关键帧和 WZ 帧交替出现。关键帧使用传统的帧内编解码方式进行传输，一般采用 H.263 或者 H.264 的帧内编解码模式；对 WZ 帧使用 WZ 编码方式进行编码传输，在解码端利用已解码的关键帧和 WZ 帧获取原始 WZ 帧的估计信息，即边信息。WZ 编码方式具体如下。

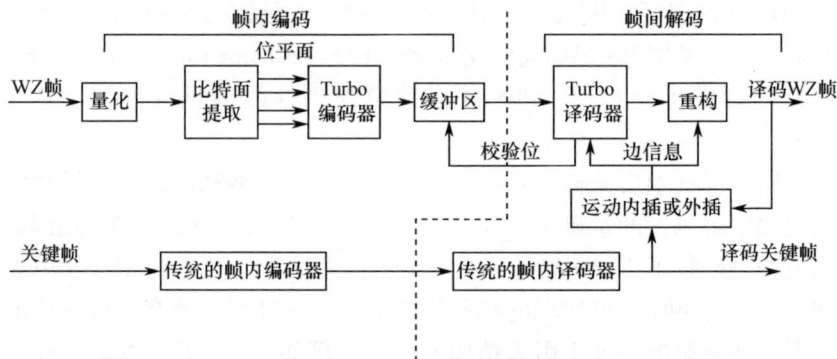

图 1 – 12　基于像素域的 DVC 框图

在编码端，对每个 WZ 帧，首先在量化器中把帧中的每个像素值统一量化到 2^M 间隔内，将量化后得到的量化值形成符号流 q。然后，对符合流 q 进行位平面的提取，按照其比特排列顺序依次提取出 M 个位平面，按照位平面的重要性从大到小对二进制比特进行编码和传输，最重要的位平面最先进行编码。接下来将量化并提取位平面后的比特流送至 Turbo 编码器中进行信道编码，编码器一般使用编码速率兼容打孔 Turbo 码（Rate Compatible Punctured Turbo Code，RCPT）来实现。RCPT 能够提供灵活的编码速率适应，这种性能对边信息与待译码图像的统计特性发生变化的情况非要重要。最后，将编码后的序列的信息位丢掉，只保留其校验位，并送入缓冲区进行缓存。在译码过程中，根据出现的译码错误大小，译码端通过反馈信道请求相应的校验位，直至译码成功。

解码端的任务之一是生成边信息。边信息是对当前 WZ 帧的一种粗略估计，它联合待译码帧的校验位信息实现对 WZ 帧的 Turbo 译码，并参与当前帧的重构，得到最后的译码 WZ 帧。通常对待译码的 WZ 帧前后相邻的关键帧进行运动补偿内插或外插来产生边信息。边信息的质量直接影响 DVC 的系统性能，如何生成高质量的边信息是 DVC 的关键技术之一。边信息与当前 WZ 帧的相似度越大，在译码过程中产生的错误就越少，需要的校验位就越少，边信息的质量越好，重构的复杂量就越低。边信息与当前待译码 WZ 之间的相关性通常使用相关噪声模型进行分析，一般认为二者之间的相关性符合拉普拉斯分布，并通过一个虚拟信道进行连接。

边信息联合信道传输的校验位进行 Turbo 译码。将边信息与部分校验位送入译码器，首先对重要性最大的位平面进行译码。如果边信息与待译码帧在译码过程中出现的错误概率小，低于某个预先设定的界限值，认为译码成功，译码结束，得到译码序列 q'。如果译码错误概率大于界限值，译码端通过反馈信道请求更多的校验位，纠正译码错误，这种译码 – 请求的过程不断进行，直到译码错误小于界限值，译码成功，结束译码。

最后，利用边信息对译码产生的输出进行重构以提高视频序列解码的质量。重构过程通常采用最小均方误差（Minimum Mean Square Error，MMSE）作为判断准则，MMSE 取与标量量化间隔内与边信息最相近的码字作为译码值。具体来说，对接收到的译码序列 q'，计算原始 WZ 帧的最小均方估计值为

$$WZ' = E(WZ \mid q', S) \tag{1-4}$$

式中：S 为边信息；WZ' 为 WZ 的重构值。如果边信息 S 落在 q' 的量化区间内，取最接近 S 的量化值作为重构值；如果 S 落在 q' 的量化区间外，取靠近 S 的量化区间的边缘值作为重构值。重构能够将误差的幅度限制在某一范围内（取决于量化器的量化机制）。限制误差幅度的方法能够消除主观质量上较大的误差，取得更好的主观视觉效果，如图 1 – 13 所示。

(a) 运动补偿内插生成的边信息的图像   (b) 利用边信息重构后的图像

图 1 – 13   Salesman 序列的 WZ 帧

图 1 – 12 （a）是运动补偿内插法生成的边信息的图像，由图中可以看出，由于人手的运动较快，在手的部分边信息存在较大的误差，并且人脸比较模糊，主观质量较差。图 1 – 13 （b）是对边信息进行重构后的 WZ 帧，消除了手部的较大误差，锐化了脸部区域，提高了图像的主观视觉质量。这表明重构对提升图像质量有一定的作用。

与传统的在编码端进行运动补偿和预测的混合式编码方式相比，基于像素域的 WZ 编码方式简单可行，它把运动估计和预测的部分转移到解码端，由于不经过 DCT 变换和 DCT 逆变换（IDCT），大大减少了编码的计算复杂度，适用于功耗和计算能力受限的无线传感器网络中。

1.4.2   基于变换域的 DVC 方案

基于像素域的分布式编码方案算法简单，但是在压缩视频信号的过程中没有利用信号的空间冗余信息，压缩效果也相对较差。

Pradhan 和 Ramchandran 在 2001 年提出在 WZ 编码中使用变换的方法，Gastpar 等研究了 KLT 变换在分布式编码中的应用效果，但是他们的前提是给定边信息下信源矢量的协方差矩阵与边信息的值无关，由于 KLT 的复杂和前提假设的理想性，KLT 方法并不适用于实际可行的编码方案。Girod 等在 2003 年研究了 DCT 在 WZ 视频编码中的应用，并指出 DCT 是最优的变换。随后，该研究团队在上述编码框架基础上进行修改，提出了另一种编码方案，如图 1-14 所示，即基于 DCT 域的分布式视频编码方案。该方案的主要特点是把图像转换到 DCT 域上进行编码，并提出使用哈希信息位辅助译码端生成边信息，提高了边信息的质量。

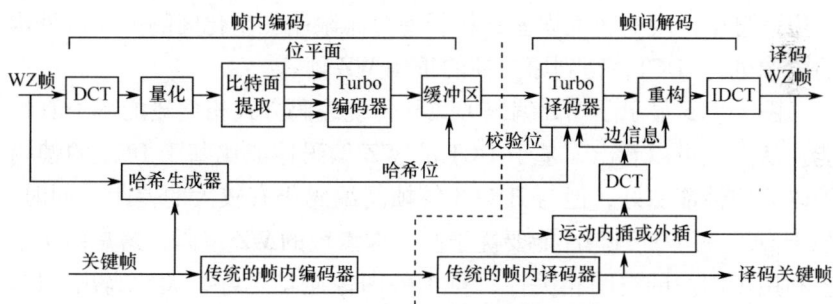

图 1-14 基于 DCT 域的分布式视频编码框架

在编码端，首先根据 GOP 的大小将视频序列分割为关键帧和 WZ 帧，关键帧仍然采用传统的帧内编解码方式；对 WZ 帧，首先进行基于块的 4×4 DCT，然后用一个 $2M$ 层的均匀量化器对每个 DCT 系数进行量化，得到量化后的码流 q，提取 q 的位平面，把位平面按照重要性从大到小排序，逐平面进行 Turbo 码编码，最后将产生的校验位存储在缓冲区中，完成 WZ 帧基于 DCT 域的 WZ 编码。

与像素域方法不同的是，DCT 域在编码端生成哈希信息位，用以辅助边信息生成和 WZ 帧的译码。哈希位是由编码端的哈希生成器生成，对于待译码的图像块，计算该块与前一帧中对应块之间的哈希差值，若差值小于给定的界限值，则发送标记为无哈希位的码字；若差值大于给定的界限值，则发送该块的哈希位。在译码端，如果接收到的某图像块的码字标记为无哈希位，则将前一帧中对应位置的块作为该图像块的边信息；在译码端，如果接收到块的哈希位，则基于收到的哈希位执行运动搜索，从前一帧中搜索获得匹配块作为该块的边信息。由于哈希位比原始数据小得多，生成哈希位所增加的编码复杂度并不影响总体的复杂度。

在解码端，所有块的边信息共同组成当前 WZ 帧的边信息 S。对 S 执行 DCT，将 DCT 系数的量化值与部分校验位送入 Turbo 译码器，按照位平面的顺序逐平面进行译码。译码过程与像素域的方法相同，采用译码 – 请求的方式，直到译码序列的错误概率小于可接受的界限值，译码结束。

最后，利用边信息对译码后的序列进行重构，重构的过程能够减少边信息中出现的较大误差，将误差分布限制在量化间隔内。对重构的图像进行 IDCT，得到原始帧的重构 WZ 帧。

图 1 – 15 显示了 WZ 编码方式与传统编码方式相比较的率失真性能。从图上可以看出，基于 DCT 的 WZ 编码性能比基于 DCT 的帧内编码方式性能更好，但与 H. 263 的帧间编码仍有较大的差距。同时，基于 DCT 的 WZ 编码性能要优于基于像素域的 WZ 编码，这是由于前者利用了图像的空间相关性，重构的图像质量更好，大约高出 2dB。但同时也增加了编码端的复杂度。然而，这种方法仍然比传统的帧间预测方法简单，因为复杂的运动估计和补偿都在解码端执行。

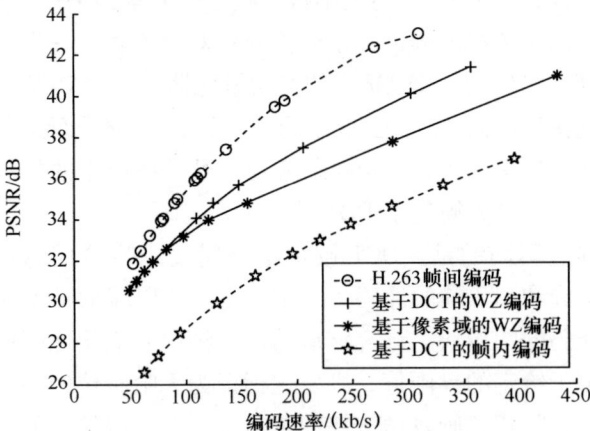

图 1 – 15　Salesman 序列的 WZ 编码方式的率失真性能

1.4.3 PRISM 方案

几乎在 Girod 小组提出基于 DCT 域的 DVC 视频编码的同时，美国伯克利大学的 Ramehandran 等提出了一种新的基于分布式压缩原理的鲁棒视频编码方案：PRISM 分布式视频编码，其系统框架如图 1 - 16 所示。

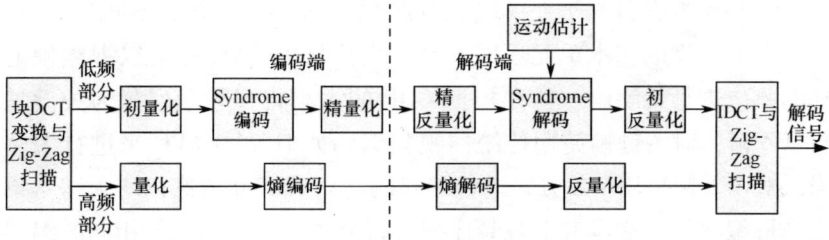

图 1 - 16 PRISM 编码方案的框图

在编码端把图像分为 $N \times N$ 子块，对子块进行 DCT。根据各块与前一帧中对应块的相关性程度，将块分为不同类型，采用不同的编码模式对子块编码：skip 编码模式、传统的帧内编码（熵编码）模式或 Syndrome coding（综合编码）模式。将 DCT 系数送入矢量量化器中进行量化，量化步长的大小与相关噪声的方差成正比。量化后的系数被送入综合编码器中，对于编码模式不为 Syndrome 编码模式的块，由于可以使用边信息来估计块中量化比较重要的 DCT 系数，因此将比较重要的 DCT 系数舍去，不进行传输，而只有重要性较小的位被编码。对于需要进行编码的系数，使用熵编码方法对低比特部分编码，使用信道编码方法对高比特部分编码。另外，编码端为每一子块发送一个 16 位的循环冗余校验位（CRC 信息）作为量化 DCT 系数的特征，该 CRC 信息在译码端用来辅助选择最优的候选块作为边信息。

在译码端，首先通过运动搜索找到较好的候选块产生边信息，生成的边信息作为当前块的预测块进行 Syndrome 解码。一般使用 Viterbi（维特比）算法从候选序列中识别正确的序列。为了检查译码是否成功，将这些候选的 CRC 信息与编码端发送的 CRC 信息进行比较。

只有当这两个校验信息匹配时，当前候选块才被选用。否则，继续进行运动搜索得到另外的候选块，进行上述过程，直到 CRC 信息匹配。一旦恢复出量化序列，则量化值联合边信息一起对信源序列进行重构，通常通过计算边信息与量化块的最小均方差实现重构过程。最后对变换系数进行 IDCT 得到重建后的像素值，执行图像后处理操作，译码结束。

PRISM 方案与基于变换域的 DVC 方案存在以下几点不同：

（1）处理的基本单元不同。基于变换域的 DVC 方案以视频帧为基本单位进行编解码。首先根据 GOP 的大小将视频序列分为关键帧与 WZ 帧，对关键帧使用传统的视频编码如 H. 264/AVC 来进行编解码，对 WZ 帧采用 WZ 方式进行编解码。而 PRISM 方案以块为基本单位进行编解码，它没有对视频序列进行分类，对每帧执行相同的编解码过程。它把视频帧分成若干个块，对各块进行相应的编码（DCT、量化、编码模式选择、综合编码、生成 CRC 信息）与解码（运动搜索、综合译码、CRC 校验、重构、逆变换）。

（2）执行运动估计的时间不同。基于变换域的 DVC 方案在译码 WZ 帧之前通过运动估计与补偿得到边信息，初始的边信息只利用其他已知的译码信息，没有利用当前 WZ 帧的信息。而 PRISM 方案是在译码 WZ 帧的同时进行运动搜索得到最佳匹配块作为候选边信息，并使用 CRC 信息辅助译码。因此后者能够达到更好的性能，且有更强的鲁棒性。

（3）速率控制的方式不同。基于变换域的 DVC 方案在译码端通过反馈信道进行速率控制，当译码错误概率大于给定的界限值时，认为译码失败，通过反馈信道向编码端请求更多的校验位重新译码，直到错误概率小于界限值。而 PRISM 方案则是在编码端执行速率控制，通过已知 WZ 帧中各子块的编码模式分配相应的比特数。

（4）信道编码方式不同。基于变换域的 DVC 方案采用性能较好的信道编码如 Turbo 码或 LDPC 码来实现信道编解码，因此系统具有较好的容错能力。而 PRISM 方案则使用一些较简单的信道编码如 BCH 码实现综合编码，这种编码比较适合编解码较小图像块。

1. 4. 4 DISCOVER 方案

2007 年，由欧盟委员会 IST FP6 资助的研究组基于斯坦福的变换域的 DVC 框架上提出的一种更细化的编解码框架 DISCOVER。其编码框图如图 1 – 17 所示。

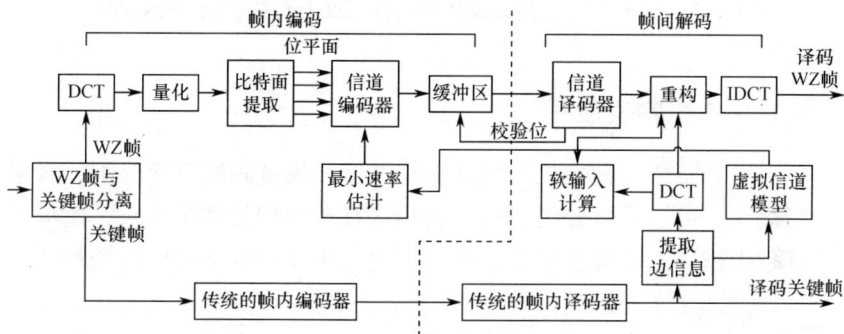

图 1 – 17　DISCOVER 编码方案的框图

与基于 DCT 域的 DVC 方案一样，DISCOVER 框架的编码器仍将视频帧分为两种类型：关键帧 K 和 WZ 帧。对关键帧 K，使用传统的 H. 264/AVC 帧内编码模式进行编码和解码。对 WZ 帧，在经过变换、量化之后，将处于相同位置的比特位提取出组成比特平面，形成一系列子带，逐比特平面进行信道编码，将编码结果保存在缓冲区里，根据反馈信道的请求发送不同数量的校验信息，联合边信息一起进行信道译码。

DISCOVER 框架的特点主要表现在以下四个方面：

（1）编码端可以动态调整 GOP 大小，根据视频内容时间相关性程度动态改变关键帧 K 和 WZ 帧的数量。时间相关性越大，GOP 分组相应地可以取较大的值；时间相关性小，GOP 应取较小的值才能有效预测。

（2）解码端通过计算已译码的相邻关键帧的相关性，来预测解码当前 WZ 帧所需要的校验信息比特的数量，通过发送合适的比特数减少了请求重传的次数，提供更有效的码率控制。

（3）解码端通过计算已译码的相邻关键帧的相关性，来动态调整当前 WZ 帧与边信息之间的虚拟相关信道模型，修正模型参数，使模型更接近真实情况，实现更有效地译码。

（4）采用更为精确的边信息生成方法，除常见的运动补偿内插和外插方法外，还应用改进方法，使得预测值更接近真实值。

1.5 分布式视频编码的应用与关键技术

1.5.1 典型应用

由于分布式视频编码可将计算复杂度在编解码端灵活分配、容错性能优良、可进行可分级编码及利用多视角的相关性等优点，使得其具有越来越广泛的潜在应用价值，下面列举几个典型的应用场景。

1. 无线视频通信

随着无线通信技术的飞速发展，以无线方式实时传输视频数据成为可能。分布式视频编码的特点刚好可以满足无线视频通信的要求，与传统视频编码进行互补。例如应用在移动视频电话中，此时需要在基站进行一次转换处理，可采用图 1 - 18 所示结构。

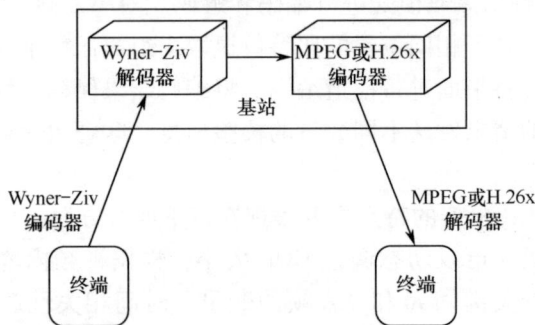

图 1 - 18 无线视频通信应用场景

该方案中，移动终端采集视频并采用分布式视频编码进行压缩，然后将数据传送到某个基站，利用其强大的计算和存储能力进行分布式解码，并运用传统的编码方法进行再编码，转换成 MPEG 或者 H. 26x 码流格式。接收端对该码流进行低复杂度的 MPEG 或者 H. 26x

解码，即可恢复出视频信号。对终端设备而言，无论是发送方还是接收方，都只需进行低复杂度的编码和解码运算。

2. 可视传感器网络

随着微电子技术和网络技术的发展，无线传感器网络成为近几年的一个新的研究热点，其主要功能是在给定的环境中，通过成千上万个传感器互相协作完成指定的任务。对于具有视频处理能力的无线传感网络，视频传感节点应该满足两个基本要求：①编码器功耗低，复杂度低；②编码器具有较高的压缩效率。显然，传统的视频编码技术无法满足以上两个要求，而分布式视频编码则能很好地解决上述问题。

3. 无线低功耗视频监控

无线低功耗监控网络主要是为了实现在需要灵活移动的场合确保安全、生产运行监测等的一类应用，例如可移动的交通监控系统、野生动物观察研究、军用侦察或监控系统等。一般用多个视频采集设备从不同角度监控同一事件，每个采集设备将拍摄到的视频进行编码，然后传输给监控中心，监控中心用一个解码器对所有视频进行解码。一方面每个视频采集设备都要尽可能的编码复杂度低，从而降低耗电量以及制造成本；另一方面，当存在多个视频采集设备时，会有大量的视频冗余信息存在。分布式视频编码编码端复杂度低并且可以有效去除视角间的冗余信息，因此可为以上场景提供良好的技术支持。

4. 立体电视

立体电视是未来电视技术的重要发展方向之一，具有立体感的图像和视频由于具有强烈的真实感、现场感受到科研人员越来越多的重视。立体电视的节目源采集需要用到摄像机阵列，摄像机阵列属于传感器阵列的一种，由一定数目按某种要求布置的一系列摄像机组成，可用于同时对一个场景从多个不同的视角进行拍摄，要想对摄像机阵列采集到的视频编码取得好的压缩效果，就要消除阵列中各个摄像机产生的视频帧之间的相关性，即需要在编码端做视差估计、视差补偿等，这就要求各个摄像机进行联合编码。可以想象，传输和存储这些大量的数据的效率是十分低下的。而现实的摄像机阵列各个单独节点设备简单、处理能力较弱、能源供应受限、通信带宽有限。而分布式视频编码可以很好地解决这个难题，在编码端对各个节点摄像机独立进行编码，在解码端进行联合解码。其进一步的应用是立体电视走向实用化的关键。

1.5.2 关键技术

分布式视频编码是视频压缩领域的一个新课题，涉及很多技术领域，其中边信息的产生、准确的虚拟相关信道模型、码率控制、可伸缩性等是这项全新的编码技术发展和创新的关键。

1. 边信息的产生

边信息是编码帧的估计值（或者称为"噪声版本"）。它可以看作是原始 WZ 帧的信息与虚拟信道噪声的叠加。边信息的质量越高，解码所需的校验位就越少，解码出的 WZ 帧质量越好。因此边信息的质量是影响 DVC 系统的率失真性能的重要因素之一。最初采用的边信息生成方法比较简单，主要有平均内插法、运动补偿内插法和运动补偿外推法。平均内插法是取与当前 WZ 帧相邻的前后两个关键帧的平均值作为边信息。这种方法简单，运算复杂度低，但是对于运动比较剧烈的视频，其解码质量较低。运动补偿内插法采用前向运动估计和双向运动估计寻找最接近真实运动场景的运动矢量，进而提高边信息的质量。但是由于增加了运动估计和运动补偿，该方法的运算复杂度较高，且对于非线性运动的视频序列效果不佳。同时，对于时延要求比较严格的应用场合，这两种方法都受到限制。运动补偿外推法用已经解码的关键帧进行运动估计，没有用到当前 WZ 帧之后的关键帧，因此降低了时延。但是由于参考帧和待预测的 WZ 帧之间的距离增加，边信息的准确率有所下降。

如果没有一个有效的边信息生成机制，系统也无法达到良好的率失真性能。这就促使对早期简单的和低效率的边信息生成方法提出了许多改进措施。文献［83］和［84］提出发送哈希码到解码端用于辅助生成边信息，以提高边信息的质量。但是需要通过信道传输额外的数据，增加了编码端的复杂度。S. Klomp 等提出了一种使用运动补偿的亚像素精度的边信息生成技术。刘荣科等提出一种基于分级运动估计的边信息生成算法。X. Artigas 等提出了迭代的运动补偿内插技术产生边信息。首先采用运动补偿内插法产生初始边信息，然后考虑已解码的 WZ 帧，进一步对边信息进行迭代精化。J. Ascenso 等提出了基于去噪滤波器的边信息迭代算法。在解码端产生多个边信息，去噪滤波器采用统计学习的方法，自适应地选择已经生成的边信息帧，进而得到新的边信息的增强帧。M. O. Akinola 等提出了一种高阶分段轨迹的时域内插算法（Higher – Order Piecewise Temporal Trajectory Interpolation，HOPTTI）产生边信息。仿真结果表明，与现有的时域内插算法相比，新算法取得了较好的边信息质量，尤其是对于非线性运动的视频序列，改善更为明显。在随后的研究中，又将自适应重叠块运动补偿（Adaptive overlapped block motion compensation，AOBMC）算法与 HOPTTI 相结合，进一步提高边信息的质量，PSNR 值改善高达 3.6dB。文献［90］提出了基于遗传算法的边信息生成方法。文献［91］中，作者采用一种新的 DVC 连续精化算法，提高了运动补偿的准确度和边信息的质量。这种算法基于 N – Queen 亚采样模型。为了使得边信息更接近于原始的 WZ 帧，A. Abou – Elailah 等提出了每个 DCT 子带解码后再进行连续精化的算法。

2. 准确的虚拟相关信道模型

基于量化和信道编码的 Wyner – Ziv 编码器设计的实现得益于虚拟信道模型的建立。信源与边信息之间的相关性可以用"虚拟信道"来描述。边信息可以看作是信源经过一个叠加有噪声的"虚拟信道"的输出。也就是说，边信息与信源的误差即是相关噪声（Correlation Noise，CN）。准确的估计 WZ 帧与辅助边信息之间的统计特性，也即对它们之间的虚拟"相关信息"准确设计模型并估计其参数对于提高编码压缩效率进而准确进行码率控制十分重要。

由于 DVC 应用场景的动态变化和不可预测性，相关噪声的在线估计变得尤为重要。在 DVC 系统中，相关噪声的统计特性是未知的，并且随着时间动态的变化。通常情况下，认为相关噪声服从拉普拉斯分布，并且用已解码帧估计拉普拉斯参数。但是对于存在被遮挡区域的场景，这个模型并不十分准确。文献［93］中，考虑到视频的非平稳性，相关参数估计是逐像素变化的。对那些判断为具有高准确度的像素点分配较高的置信度。同样地，文献［94］中，在序列级、帧级、块级和像素级都采用了拉普拉斯分布来在线估计参数值。随后文献［95］提出了改进的信道估计算法，利用前一个已解码帧和当前帧中已解码的频带信息估计空间相关性和像素域参数，然而解码帧的质量较差时，这种估计方法并不是很精确。文献［96］提出了基于边信息的相关噪声模型。此时，拉普拉斯模型的标准方差是边信息的函数。以上提到的参数估计算法都给每个频带或系数分配一个拉普拉斯参数。参数估计都是基于已经成功解码的信息，而未考虑当前解码的信息。因此，文献［97］将参数估计和比特平面解码相结合得到了较好的估计值，进而提高了像素域 DVC 的系统性能。文献［98］将这种思想推广到了变换域 DVC 系统，且参数估计过程将粒子滤波与标准置信传播解码算法相结合。实验结果表明，新算法使得系统性能有明显的改善。当前解码帧和边信息的概率模型对解码重建的鲁棒性有非常重要的影响，因此，需要进一步研究更复杂的信道模型或者在线动态改变模型参数等，使其更接近于真实情况，从而提高分布式视频编码的效率。

3. 码率控制

在分布式视频编码中，有三个因素会影响系统的码率。首先是关键帧与 WZ 帧的比例。由于关键帧采用传统的帧内编码，故关键帧比例大会导致码率较高。再就是关键帧的码率，这取决于关键帧的量化步长。最后是 WZ 帧的码率，它取决于 WZ 编码器中的量化器的量化步长和传输的校验位数量。上述三个因素中，关键帧与 WZ 帧的比例以及对关键帧码率的控制可借鉴传统视频编码的方法，而对 WZ 帧码率的控制则是一个新课题，也是分布式视频编码中的一个重点研究内容。目前进行 WZ 帧码率控制的一种方法是完全依赖解码端的反馈信息：解码端将决定最优编码速率并反馈给编码端。另一种则是在编码端进行简单的时域相关性估计，以确定编码码率，如 PRISM 编解码系统。如何结合编解码器端的信息来更好地进行码率控制，是需要进一步深入研究的问题。

大多数 DVC 方案使用基于反馈信道的解码端码率控制（Decoder Rate Control，DRC）策略调整比特率，以纠正边信息误差。近年来，针对无反馈信道的应用场景，提出了一些编码端码率控制（Encoder

Rate Control，ERC）策略。对于基于 ERC 的 DVC 系统，其率失真性能不仅取决于编码端校验比特率估计精度，而且与解码端处理由于校验比特率过低所引起的误差的能力有关。DRC 技术需要在解码端计算 WZ 帧和边信息的相关噪声，通过反馈信道传回到编码端进行码率控制。反馈信道的使用简化了码率控制过程，但是同时也增加了系统延时和解码复杂度。特别是当边信息质量较差时，如果解码的视频要求达到一定的质量标准，解码端大都会进行多次迭代译码。为了降低 DRC 方案中的解码复杂度和延迟，提出了混合码率控制方法（Hybrid Rate Control，HRC）。HRC 方案中，编码器和解码器都参与了码率控制过程。

DRC 和 HRC 技术都依赖于反馈信道。然而，采集－存储类型的设备或者实时视频流等应用场景中不存在反馈信道，只能通过编码器估计需要传输的校验位。ERC 方法中速率分配很大程度上依赖边信息质量，而边信息帧在编码端并不可用，因此研究一种高效 ERC 方案成为一项艰巨的任务。2005 年，Artigas 等提出了第一个 ERC 方法，编码器根据一个通过测试环节得到的查询表来预测 WZ 速率。实验结果显示，在解码端已知原始的关键帧的理想情况下，与相应的 DRC 方法相比，ERC 方法会引起 RD 性能下降。这是因为码率估计方法并不是动态的，因此它的效率会受到测试视频序列的严重影响。Morbee 等提出了一种像素域 DVC 的 ERC 技术，它根据测试后得到的查询表来估计比特平面级的 WZ 速率。随后又对这种技术进行了改进，WZ 帧仅用无差错的已解码比特平面来重建，这意味着平均解码质量会显著变化。2008 年，Martinez 等提出了一个像素域 DVC 方案，其中编码器端基于两个因素估计 WZ 帧的码率。这两个因素分别是 WZ 帧和一个编码端产生的边信息估计值的残余 R，以及在每个比特平面的测试环节后得到的判决树。盛涛等提出了一个变换域 DVC 的 ERC 方法，其中，根据 WZ 宏块和边信息中对应块的相关性，WZ 帧的宏块可以是帧内编码、WZ 编码或者"SKIP"。对于 WZ 解码的宏块，WZ 速率使用 WZ 数据的条件熵的线性模型来预测。文献［107］提出了一种高效的 ERC 方案，采用多种策略提高 ERC 方法的有效性，如：DCT 系数的格雷映射、精确的校验速率估计器等。

参 考 文 献

[1] Thomas Stockhammer, Miska M. Hannuksela, Thomas Wiegand. H. 264/AVC in Wireless Environments [J]. IEEE Transactions on Circuits and Systems for Video Technology, 2003, 13 (7): 657 –673.

[2] Thomas Wiegand, Gary J. Sullivan, Gisle Bjontegaard, et al. Overview of the H. 264/AVC Video Coding Standard [J]. IEEE Transactions on Circuits and Systems for Video Technology, 2003, 13 (7): 560 –576.

[3] Jorn Ostermann, Jan Bormans, Peter List, et al. Video Coding with H. 264/AVC: Tools, Performance, and Complexity [J]. IEEE Circuits and Systems Magazine, 2004, 4 (1): 7 –28.

[4] Hanli Wang, Sam Kong. Rate – Distortion optimization of rate control for H. 264 with adaptive initial quantization parameter determination [J]. IEEE Transactions on Circuits and Systems for Video Technology, 2008, 18 (1): 140 –144.

[5] Joint Collaborative Team – Video Coding. Test Model under Consideration [EB/OL]. Dresden: JCT – VC, 2010. http: //wftp3. itu. int/av – arch/jctvc – site/2010_ 04_ A_ Dresden/JCTVC – A205. zip.

[6] http: //phenix. int – evry. fr/jct/index. php/.

[7] Marpe D, Wiegand T, Sullivan G J. The H. 264/MPEG4 advanced video coding standard and its applications [J]. IEEE Communications Magazine, 2006, 44 (8): 134 –143.

[8] Pereira F, Torres L, Gullemot C, et al. Distributed video coding: selecting the most promising application scenarios [J]. Elsevier Journal Signal Processing: Image Communication, 2008, 23 (1): 339 –352.

[9] 宗晓飞. 信源网络联合编码关键技术研究及应用 [D]. 北京: 北京邮电大学, 2009.

[10] ISO/IEC. Information technology – coding of moving pictures and associated audio for digital storage media at up to about 1. 5Mb/s [R]. ISO/IEC, 1993.

[11] ITU – T and ISO/IEC. Generic coding of moving pictures and associated audio information – Part 2: Video, ITU – T Rec. H. 262 and ISO/IEC 13818 –2 (MPEG –2 Video) [R]. ITU – T and ISO/IEC, 1994.

[12] ITU – T. Video coding for low bitrate communication: Rec. H. 263 [R]. ITU – T, 1995.

[13] ITU – T. Video coding for low bitrate communication: Rec. H. 263 Version 2 [R]. ITU – T, 1998.

[14] ITU – T. Enhanced reference picture selection mode: Rec. H. 263 Annex U [R]. ITU – T, 2000.

[15] ISO/IEC. Generic coding of audio – visual objects – part 2: visual, 14496 –2 [R]. ISO/IEC, 1999.

［16］ITU － T, Recommendation H. 264 Advanced Video Coding for Generic Audiovisual Services：Rec. H. 264 and ISO/IEC 14496 － 10 Version 1 ［R］. ITU － T, 2003.

［17］ITU － T. Recommendation H. 264 Advanced Video Coding for Generic Audiovisual Services：Rec. H. 264 and ISO/IEC 14496 － 10 Version 3 ［R］. ITU － T, 2005.

［18］ITU － T. Recommendation H. 264 Advanced Video Coding for Generic Audiovisual Services：Rec. H. 264 and ISO/IEC 14496 － 10 Version 8 ［R］. ITU － T, 2007.

［19］ITU － T. Recommendation H. 264 Advanced Video Coding for Generic Audiovisual Services：Rec. H. 264 and ISO/IEC 14496 － 10 Version 11 ［R］. ITU － T, 2009.

［20］David R, Bull. Edward J. Delp, Seishi Takamura. Introduction to the issue on emerging technologies for video compression ［J］. IEEE Journal of Selected Topics Signal Processing, 2011, 5 (7)：1277 － 1281.

［21］ISO/IEC 23008 － 2: 2013 ［R］. International Organization for Standardization, 2013.

［22］https：// hevc. Hhi. fraunhofer. de/.

［23］常侃. H. 264 的关键技术研究 ［D］. 北京：北京邮电大学, 2009.

［24］毕厚杰. 新一代视频压缩编码标准——H. 264/AVC ［M］. 北京：人民邮电出版社, 2009.

［25］韩钰. 基于纹理合成的图像编码算法 ［D］. 北京：北京邮电大学, 2010.

［26］Min J H, Samsung. Unification of the directional intra prediction methods in TMuC ［R］. JCTVC － B100, 2010.

［27］McCann K, Han W J, Kim I K, et al. Samsung's Response to the call for proposals on video compression technology ［R］. JCTVC － A124, 2010.

［28］Ugur K, Andersson K R, Fuldseth A. Description of video coding technology proposal by Tandberg ［R］. JCTVC － A119, 2010.

［29］JCTVC. High efficiency video coding (HEVC) text specification draft 6 ［R］. JCTVC － H1003, 2012.

［30］Mccann K, Sekiguci S, Bross B, et al. HEVC test model 3 (HM3) encoder description ［R］. JCTVC － E602, 2011.

［31］Tan T, Han W, Bross B, et al. Bog report of CE9：motion vector coding ［R］. JCTVC － D441, 2011.

［32］Huang Y, Bross B, Zhou M, et al. CE9：summary report of core experiment on MV coding and skip/merge operations ［R］. JCTVC － F029, 2011.

［33］Wiegand T, Bross B, Han W, et al. WD3：working draft 3 of high － efficiency video coding ［R］. JCTVC － E603, 2011.

［34］Chong S, Karczewicz M, Chen C, et al. CE8 subtest2：block based adaptive loop filter ［R］. JCTVC － E323, 2011.

［35］Chen C, Fu C, Tsai C, et al. CE8 subtest2：adaptation between pixel － based and region － based filter selection ［R］. JCTVC － E046, 2011.

[36] Cohen R and Vetro A. CE7: Cross - verification of Samsung's (JCTVC - D357) Fast Rotational Transform [R]. Daegu: JCTVC - D030, 2011.

[37] Marpe D, Schwarz H, Wiegand T. Entropy coding in video compression using probability interval partitioning [C]. Japan: Picture Coding Symposium, 2010: 66 - 69.

[38] Budagavi M, Demircin M. Parallel context processing techniques for high coding efficiency entropy coding in HEVC [R]. JCTVC - B088, 2010.

[39] Slepian D, Wolf J. Noiseless coding of correlated information sources [J]. IEEE Transactions on Information Theory, 1973, 19 (4): 471 - 480.

[40] Wyner A, Ziv J. The rate - distortion function for source coding with side information at the decoder [J]. IEEE Transactions on Information Theory, 1976, 22 (1): 1 - 10.

[41] Wyner A. Recent results in the Shannon theory [J]. IEEE Transactions on Information Theory, 1974, 20 (1): 2 - 10.

[42] Pradhan S S, Ramchandran K. Distributed source coding using syndromes (DISCUS): Design and construction [C]. Snowbird: Data Compression Conference, 1999: 158 - 167.

[43] Wang X, Orchard M. Design of trellis codes for source coding with side information at the decoder [C]. Snowbird: Data Compression Conference, 2001: 361 - 370.

[44] Aaron A. Distributed source coding [EB/OL]. http: //ivms. stanford. edu/%7Eamaaaron/dsc/index. html.

[45] Berrou C, Glavieux A, Thitimajshima P. Near shannon limit error correcting coding and decoding: turbo - codes [C]. Geneva: IEEE International Conference on Communication, 1993: 1064 - 1070.

[46] Aaron A, Girod B. Compression with side information using turbo codes [C]. Snowbird: Data Compression Conference, 2002: 252 - 261.

[47] Varodayan D, Aaron A, Girod B. Rate - adaptive codes for distributed source coding [J]. EURASIP Signal Processing Journal, 2006, 86 (11): 3123 - 3130.

[48] Xu Q, Stankovic V, Xiong Z. Distributed joint source - channel coding of video using raptor codes [J]. IEEE Journal on Selected Areas in Communications, 2007, 25 (4): 851 - 861.

[49] Zamir R. The rate loss in the Wyner - ziv problem [J]. IEEE Transactions on Information Theory, 1996, 42 (6): 2073 - 2084.

[50] Pradhan S S, Chou J, Ramchandran K. Duality between source coding and channel coding and its extension to the side information case [J]. IEEE Transactions on Information Theory, 2003, 49 (5): 1181 - 1203.

[51] Fleming M, Zhao Q, Effros M. Network vector quantization [J]. IEEE Transactions on Information Theory, 2004, 50 (8): 1584 - 1604.

[52] Fleming M, Effros M. Network vector quantization [C]. Data Compression Conference, 2001: 13 - 22.

[53] Muresan D, Effros M. Quantization as histogram segmentation: globally optimal scalar quan-

tizer design in network systems [C]. Data Compression Conference, 2002: 302 –311.

[54] Rebollo – Monedero D, Zhang R, Gird B. Design of optimal quantizers for distributed source coding [C]. Snowbird: Data Compression Conference, 2003: 13 –22.

[55] Rebollo – Monedero D, Aaron A, Gird B. Transforms for high – rate distributed source coding [C]. Pacific Grove: The Asilomar Conference on Signals, Systems and Computers, 2003: 850 –854.

[56] Aaron A, Rane S, Setton E, et al. Transform – domain Wyner – Ziv codec for video [C]. SPIE Conference on Visual Communications and Image Processing, 2004: 520 –528.

[57] Guo X, Lu Y, Wu F, et al. Wyner – Ziv video coding based on set partitioning in hierarchical tree [C]. IEEE International Conference on Image Processing, 2006: 601 –604.

[58] Gastpar M, Dragotti P, Vetterli M. The distributed Karhunen – Loeve transform [J]. IEEE Transactions on Information Theory, 2006, 52 (12): 5177 –5196.

[59] Aaron A, Zhang R, Girod B. Wyner – Ziv coding of motion video [C]. Pacific Grove: Asilomar Conference on Signals, Systems and Computers, 2002: 240 –244.

[60] Girod B, Aaron A, Rane S, et al. Distributed video coding [J]. Proceedings of the IEEE Transactions on Information Theory, 2005, 93 (1): 71 –83.

[61] Puri R, Ramchandran K. PRISM: a new robust video coding architecture based on distributed compression principles [C]. Allerton: Annual Allerton Conference on Communication, Control and Computing, 2002.

[62] Puri R, Majumdar A, Ramchandran K. PRISM: a video coding paradigm with motion estimation at the decoder [J]. IEEE Transactions on Image Processing, 2007, 16 (10): 2436 –2448.

[63] Artigas X, Ascenso J, Dalai M, et al. The DISCOVER Codec: architecture, techniques and evaluation [C]. Lisbon: Picture Coding Symposium, 2007.

[64] Ascenso J, Brites C, Pereira F. Design and performance of a novel low density parity check code for distributed video coding [C]. San Diego: IEEE International Conference on Image Processing, 2008: 1116 –1119.

[65] Ascenso J, Brites C, Pereira F. A denoising approach for iterative side information creation in distributed video coding [C]. Brussels: IEEE International Conference on Image Processing, 2011: 3513 –3516.

[66] Abou – Elailah A, Farah F, Cagnazzo M, et al. Improved side information generation for distributed video coding [C]. European Workshop on Visual Information Processing, 2011: 42 –49.

[67] Ascenso J, Brites C, Pereira F. A flexible side information generation framework for distributed video coding [J]. Multimedia Tools and Applications, 2010, 48 (3): 381 –409.

[68] Song Juan, Wang Keyan, Liu Haiying, et al. Progressive correlation noise refinement for transform domain Wyner – Ziv video coding [C]. Brussels: IEEE International Conference

on Image Processing, 2011: 2625 - 2628.

[69] Deligiannis N, Barbarien J, Jacobs M, et al. Side - Information - Dependent correlation channel estimation in hash - based distributed video coding [J]. IEEE Transactions on Image Processing, 2012, 21 (4): 1934 - 1949.

[70] Liu Hongbin, Li Yongpeng, Liu Xianming, et al. Two - pass reconstruction in distributed video coding [C]. Picture Coding Symposium, 2009: 1 - 4.

[71] Zhang Yongsheng, Xiong Hongkai, He Zhihai, et al. Reconstruction for distributed video coding: a context - adaptive markov random field approach [J]. IEEE Transactions on Circuits and Systems for Video Technology, 2011, 21 (8): 1100 - 1114.

[72] Tagliasacchi M, Pedro J, Pereira F, et al. An efficient request stopping method at the turbo decoder in distributed video coding [C]. Poznan: European Signal Processing Conference, 2007.

[73] Maugey T, Yaacoub C, Farah J, et al. Side information enhancement using an adaptive hash - based genetic algorithm in a Wyner - Ziv context [C]. 2010 IEEE International Workshop on Multimedia Signal Processing, 2010: 298 - 302.

[74] Li Zhihong, Wng Anhong, Wang Haifang. Distributed video coding based on conditional entropy hash [C]. International Conference on Computational Aspects of Social Networks, 2010: 382 - 385.

[75] Sheng T, Hua G, Guo H, et al. Rate allocation for transform domain Wyner - Ziv video coding without feedback [C]. Canada: ACM International Conference on Multimedia, 2008: 701 - 704.

[76] Ye Feng, Men Aidong, Xiao He, et al. Feedback - free distributed video coding using parallelized design [C]. Picture Coding Symposium, 2012.

[77] Wang H, Cheung N, Ortega A. A framework for adaptive scalable video coding using Wyner - Ziv techniques [C]. EURASIP Journal on Applied Signal Processing, 2006: 1 - 18.

[78] Xu Q, Xiong Z. Layered Wyner - Ziv Video Coding [J]. IEEE Transactions on Image Processing, 2006, 15 (12): 3791 - 3803.

[79] Pedro J Q, Soares L D, Brites C, et al. Studying error resilience performance for a feedback channel based transform domain Wyner - Ziv video codec [C]. Lisbon: Picture Coding Symposium, 2007.

[80] Zhang Yongsheng, Xiong Hongkai, He Zhihai, et al. An error resilient video coding scheme using embedded Wyner - Ziv description with decoder side non - stationary distortion modeling [J]. IEEE Transactions on Circuits and Systems for Video Technology, 2011, 21 (4): 498 - 512 .

[81] Ascenso J, Brites C, Pereira F. Improving frame interpolation with spatial motion smoothing for pixel domain distributed video coding [C]. Smolenice: EURASIP Conference on Speech and Image Processing, Multimedia Communications and Services, 2005.

[82] Natario L, Brites C, Ascenso J, et al. Extrapolating side information for low – delay pixel – domain distributed video coding [C]. Sardinia: International Workshop on Very Low Bit rate Video Coding, 2005: 16 – 21.

[83] Aaron A, Rane S, Girod B. Wyner – Ziv video coding with hash – based motion compensation at the receiver [C]. Singapore: IEEE International Conference on Image Processing, 2004: 3097 – 3100.

[84] Deligiannis N, Jacobs M, Verbist F, et al. Efficient hash – driven Wyner – Ziv video coding for visual sensors [C]. IEEE International Conference on Distributed Smart Cameras, 2011: 1 – 6.

[85] Klomp S, Vatis Y, Ostermann J. Side information interpolation with sub – pel motion compensation for Wyner – Ziv decoder [C]. Setúbal: International Conference on Signal Processing and Multimedia Applications, 2006.

[86] Liu Rongke, Yue Zhia, Chen Changwen. Side information generation based on hierarchical motion estimation in distributed video coding [J]. Chinese Journal of Aeronautics, 2009, 22 (2): 167 – 173.

[87] Artigas X, Torres L. Iterative generation of motion – compensated side information for distributed video coding [C]. Genova: IEEE International Conference on Image Processing, 2005: 833 – 836.

[88] Akinola M O, Dooley L S, Wong P K C. Wyner – Ziv side information generation using a higher order piecewise trajectory temporal interpolation algorithm [C]. Manila: International Conference on Graphic and Image Processing, 2010.

[89] Akinola M O, Dooley L S, Wong P K C. Improved side information generation using adaptive overlapped block motion compensation and higher – order interpolation. International Conference on Systems [C]. Signals and Image Processing, 2011: 1 – 4.

[90] Yaacoub C, Farah J, Pesquet – Popescu B. Agenetic algorithm for side information enhancement in distributed video coding [C]. Cairo: IEEE International Conference on Image Processing, 2009: 2933 – 2936.

[91] Fan X, Au O, Cheung N, et al. Successive refinement based Wyner – Ziv video compression [J]. Signal Processing – Image Communication, 2010, 25 (1): 47 – 63.

[92] Meyer P, Westerlaken R, Gunnewiek R, et al. Distributed source coding of video with non – stationary side information [C]. SPIE Conference on Visual Communications and Image Processing, 2005: 857 – 866.

[93] Dalai M, Leonardi R, Pereira F. Improving turbo codec integration in pixel – domain distributed video coding [C]. IEEE International Conference on Acoustics, Speech and Signal Processing, 2006.

[94] Brites C, Pereira F. Correlation noise modeling for efficient pixel and transform domain Wyner – Ziv video coding [J]. IEEE Transactions on Circuits and Systems for Video Technology, 2008, 18

(9): 1177 –1190.

[95] Fan X, Au O, Cheung N. Adaptive correlation estimation for general Wyner – Ziv video coding [C]. IEEE International Conference on Image Processing, 2009: 1409 – 1412.

[96] Deligiannis N, Munteanu A, Clerckx T, et al. Modeling the correlation noise in spatial domain distributed video coding [C]. Data Compression Conference, 2009: 443.

[97] Stankovic L, Stankovic V, Wang S, et al. Distributed video coding with particle filtering for correlation tracking [C]. European Signal Processing Conference, 2010.

[98] Wang Shuang, Cui Lijuan, Lina Stankovic, et al. Adaptive correlation estimation with particle filtering for distributed video coding [J]. IEEE Transactions on Circuits and Systems for Video Technology, 2011, 22 (5): 649 –658.

[99] Brites C, Ascenso J, Pedro J Q, et al. Evaluating a feedback channel based transform domain Wyner – Ziv video codec [J]. Signal Processing: Image Communication, 2008, 23 (4): 269 –297.

[100] Kubasov D, Lajnef K, Guillemot C. A hybrid encoder/decoder rate control for Wyner – Ziv video coding with a feedback channel [C]. Crete: IEEE Workshop on Multimedia Signal Processing, 2007.

[101] Areia J D, Ascenso J, Brites C, et al. Low complexity hybrid rate control for lower complexity Wyner – Ziv video decoding [C]. Lausanne: European Signal Proceeding Conference, 2008.

[102] Artigas X, Torres L. Improved signal reconstruction and return channel suppression in distributed video coding systems [C]. Zadar, Croatia: ELMAR, 2005: 53 –56.

[103] Morbée M, Prades – Nebot J, Pizurica A, et al. Rate allocation algorithm for pixel – domain distributed video coding without feedback channel [C]. Honolulu: IEEE International Conference on Acoustics, Speech and Signal Processing, 2007.

[104] Morbée M, Prades – Nebot J, Roca A, et al. Improved pixel – based rate allocation for pixel – domain distributed video coders without feedback channel. chapter in Lecture Notes in Computer Science [J]. Advanced Concepts for Intelligent Vision Systems, 2007, 4678 (8): 663 –674.

[105] Martínez J L, Fernández – Escribano G, Kalva H, et al. Feedback free DVC architecture using machine learning [C]. San Diego: IEEE International Conference on Image Processing, 2008: 1140 –1143.

[106] Sheng T, Zhu X, Hua G, et al. Feedback – free rate – allocation scheme for transform domain Wyner – Ziv video coding [J]. Multimedia Systems, 2010, 16 (2): 127 –137.

[107] Brites C and Pereira F. An efficient encoder rate control solution for transform domain Wyner – Ziv video coding [J]. IEEE Transactions on Circuits and Systems for Video Technology, 2011, 21 (9): 1278 –1292.

第2章

边信息生成算法研究

2.1 引　言

分布式视频编码作为一种全新的非对称的视频压缩框架。如第 1 章所述，其理论基础是 20 世纪 70 年代 Slepian 和 Wolf 提出的无损分布式编码理论，以及 Wyner 和 Ziv 提出的基于边信息的有损编码理论。在 DVC 系统中，经过 Wyner – Ziv 编码得到的信息称之为"主信息"，而边信息是在解码端产生的，是对主信息的一个估计值。解码端将边信息用于辅助主信息即 WZ 帧解码。由于信道解码器依赖于边信息完成迭代解码过程，因此边信息的质量很大程度上决定着 DVC 系统的率失真性能和解码视频的质量。若 SI 与原始 WZ 帧的相似程度较高，则解码器需要较少的校验比特就能成功完成解码过程，进而提高了系统的率失真性能。因此，准确的边信息生成方法成为提高 DVC 率失真性能的一个关键问题。

信源和边信息之间的相关性可以用"虚拟信道"来描述。边信息与信源的误差即是相关噪声。常用的相关噪声模型有高斯信道和拉普拉斯信道。目前关于信道模型的研究大都是基于这两种信道的改进。由于拉普拉斯分布在模型精确度和复杂度之间能达到很好的平衡，因此在后期的 DVC 系统研究中，拉普拉斯信道模型被广泛采用。同时信道模型对信道码字设计也尤为重要，因此，相关噪声的准确建模也是影响系统的编码效率的关键因素之一。DVC 系统中，解码端无法预知信源信息，相关噪声的概率模型是建立在边信息已知的基础上的。故边信息生成算法是相关信道模型研究的基础和前提。另一方面，正是解码端边信息的存在才将视频编码纳入分布式视频编码的理论框架。同时，不同的边信息生成方法也会引起虚拟信道不同的特性，对虚拟信道的建模也提出了新的问题。由此可见，边信息生成算法研究具有很强的研究价值。

2.2 节概述了目前存在的边信息生成方法；2.3 节提出一种基于卡尔曼滤波的边信息生成方法。仿真结果表明，卡尔曼滤波提高了运动估计的准确度，进而提高了边信息的质量；2.4 节提出一种基于时空相关性的边信息改进方法；2.5 节是本章的工作总结。

2.2　边信息生成方法概述

在目前的研究中，有许多不同的边信息生成方法，大致可以分为以下几类：

（1）"猜测"法，即用运动估计技术在相邻参考帧之间寻找运动轨迹，然后用运动补偿帧内插法（Motion Compensated Frame Interpolation，MCFI）生成边信息。这种方法比较简单，并且在线性运动的情况下能取得较好的边信息。通常使用空间矢量平滑滤波器进一步减小错误的运动矢量数量，进而提高边信息质量。

（2）"学习"法，即从编码端收到新信息而不断精化边信息。

（3）"提示"法，即编码器传输一些辅助信息到解码端，与解码的关键帧一起生成边信息。为了在解码端获得更精确的运动估计，编码端传送 CRC 校验比特和哈希码至解码端，但是同时也增加了编码复杂度。

（4）"尝试"法，即用解码算法将数个边信息逐个运行一遍，设定一个准则挑选一个最佳的边信息。

这几种边信息生成方法均有其各自的优缺点，可以单独使用，也可以联合使用。几种方法的联合使用应该能取得更好的性能。"猜测"法主要受限之处在于，边信息和源数据间的时域和空域相关性不是均匀分布的。边信息中一些区域可能出现显著的运动补偿错误，而另一些区域中运动补偿错误却很微小。参考帧的亮度变化、镜头缩放和遮挡等都会导致边信息质量降低。将"猜测"法和"学习"法，或者和"提示"法相合有可能解决上述的问题。例如，文献 [17] 提出的分布式视频编码边信息生成方案即是将"猜测"法和"提示"法结合起来，把当前 WZ 编码帧的一些块进行帧内编码做为"提示"信息传给解码端。然而，发送 WZ 帧中的一些帧内编码信息将不可避免地占用更多码率。接下来介绍几种边信息生成方法。

2.2.1　运动补偿帧内插法

在分布式视频编码系统中，一种简单实用的边信息生成方法是取前后两个关键帧的平均值。如果视频序列间的时间相关性比较弱，生成的边信息就会比较粗糙，出现很多人工痕迹，如画面的不连贯或者虚影等，码率较低时这种情况出现的就更明显。因此，为了提高边信息的质量，运动补偿帧内插法是目前使用最广泛的边信息产生方法，它通常采用前向运动估计或者双向运动估计来获取内插帧的运动矢量。下面简要介绍一个前向运动估计和双向运动估计算法。

为了提高运动矢量的可靠性，增加运动矢量的空间平滑性，用来进行帧内插的两个关键帧 X_{2i-1} 和 X_{2i+1} 在进行前向运动估计之前，首先经过一个低通滤波器进行滤波，然后采用经典的块匹配算法来估计两个关键帧的运动矢量。运动估计算法的性能与搜索块的大小、搜索范围和搜索步长等有关。如图 2-1 所示，Y_{2i} 表示要生成的边信息帧。先将两个关键帧和边信息帧分成 $K \times K$ 大小的宏块，并假设运动估计搜索范围为 $(2L+1) \times (2L+1)$，以 X_{2i-1} 作为参考帧，对 X_{2i+1} 帧做运动估计。块匹配准则函数有绝对误差（Sum of Absolute Difference, SAD）、平均绝对误差（Mean Absolute Difference, MAD）和均方误差（Mean Squared Error, MSE）。通常使用 SAD，其定义为

$$SAD(\mathbf{mv}_x, \mathbf{mv}_y) = \sum_{i=0}^{K-1} \sum_{j=0}^{K-1} |g_{2i-1}(i,j) - g_{2i+1}(i + \mathbf{mv}_x, j + \mathbf{mv}_y)|$$

$$(2-1)$$

式中：$g(\cdot)$ 为 (i,j) 点处的像素值；$(\mathbf{mv}_x, \mathbf{mv}_y)$ 为运动矢量（Motion Vector, MV）。

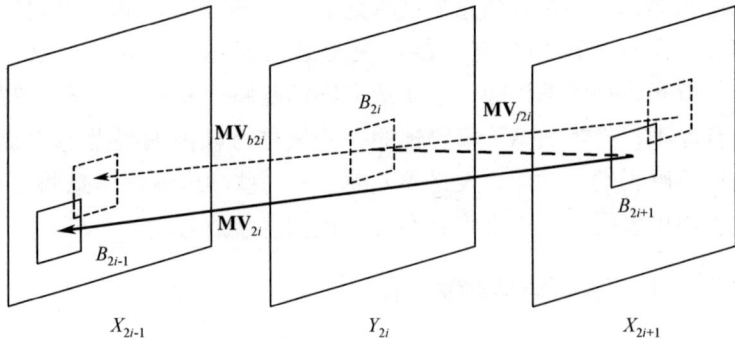

图 2-1 前向运动估计边信息生成方法示意图

以 X_{2i-1} 作为参考帧，寻找 Y_{2i} 中的宏块 B_{2i} 的运动矢量，对 X_{2i+1} 帧中和宏块 B_{2i} 相同位置的块 B_{2i+1} 进行运动估计，得到 $\mathbf{MV}_{f2i}$，根据线性运动的假设，则 B_{2i} 的前向运动矢量和后向运动矢量 $\mathbf{MV}_{f2i}$ 与 $\mathbf{MV}_{b2i}$ 的关系为

$$\mathbf{MV}_{b2i} = -\mathbf{MV}_{f2i} = \mathbf{MV}_{2i}/2 \qquad (2-2)$$

实际上，这种前向运动估计内插法产生的边信息，将出现重叠和不连续的区域，不能在遮挡区域获得正确的运动矢量值。为了解决这个问题，可以采用双向运动估计。如图 2-2 所示，认为 Y_{2i} 和 X_{2i-1} 以及 Y_{2i} 和 X_{2i+1} 之间的运动矢量是对称的，因此有

$$\begin{cases} (x_1, y_1) = (x_i, y_i) + \mathbf{MV}(B_{2i}) \\ (x_2, y_2) = (x_i, y_i) - \mathbf{MV}(B_{2i}) \end{cases} \qquad (2-3)$$

式中：$\mathbf{MV}(B_{2i})$ 为双向运动估计得到的运动矢量。

在双向运动估计过程中，选择一条通过边信息帧中的待估计宏块的直线，分别连接前后两个关键帧 X_{2i-1} 和 X_{2i+1}。搜索范围限制在初始宏块位置的一个小范围内，假设 $\mathbf{MV}_t$ 是通过宏块 B_{2i} 的候选运动矢量。则有

$$\mathbf{MV}(B_{2i}) = \arg \min D(\mathbf{MV}_t) \qquad (2-4)$$

$D(\mathbf{MV}_t)$ 为相邻参考帧运动补偿残差

$$D(\mathbf{MV}_t) = \sum_{p \in B_{2i}} |X_{2i-1}(p - \mathbf{MV}_t) - X_{2i+1}(p + \mathbf{MV}_t)| \qquad (2-5)$$

式中：B_{2i} 为 Y_{2i} 帧中的一个宏块；p 为宏块上的一个像素。

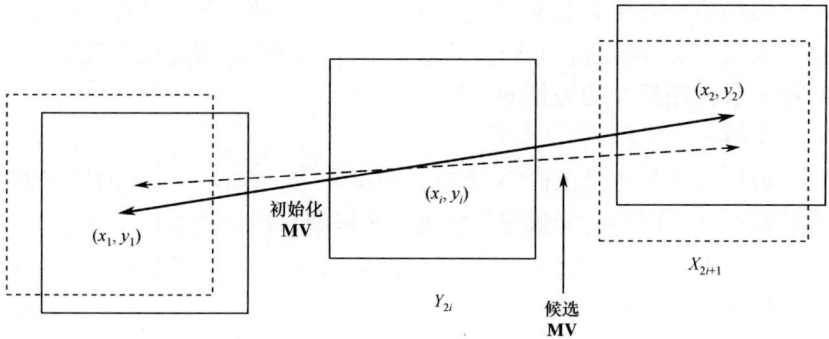

图 2－2　双向运动估计边信息生成方法示意图

最后通过双向运动补偿可以得出内插出的边信息帧 Y_{2i}。运动补偿内插算法的前提条件是基于线性运动，因此对于一些非线性运动图像的效果欠佳。很多研究者提出了改进的方案，以提高运动估计的准确度，如采用加权中值滤波器来提高运动矢量的精确度，采用更有效的运动匹配准则等。

2.2.2　基于差分运动的边信息生成方法

基于差分运动估计的边信息生成方法是利用 CR（Cafforio - Rpcca）算法提高前向运动估计的精确度，进而提高边信息的质量。CR算法中，按照固定的顺序扫描像素，同时计算每个位置的运动矢量。该算法是逐像素进行的，在某种意义上说，之前估计出的运动矢量，可用于对当前位置的初始化。CR 算法中，对于每个像素 p，经以下步骤得出 $v(p)$。

步骤一：初始化

一些先验信息作为初始值，$v^{(1)}(p)$。通常情况下，前一位置的矢量作为初始值。

步骤二：确认

运动补偿误差：$A = |I_{k+1}(p) - I_k(p + v^{(1)})|$；

非补偿误差：$B = |I_{k+1}(p) - I_k(p)| + \gamma$，$\gamma$ 为正数。

如果 $A \leqslant B$，则 $v^{(2)} = v^{(1)}$；否则，$v^{(2)} = 0$。

这一步骤阻止了算法发散和去掉异常值。例如当初始化矢量属于一个与当前位置相关的不同对象时，会出现这种情况。当然，即使当前的矢量不是异常值，非补偿误差小于补偿误差的情况也会发生。这时候 γ 会控制置 0 的矢量的次数。

步骤三：求精

最后一步是用修正值 δv 来校正矢量 $v^{(2)}$。在校正矢量的约束下，通过减小预测误差的能量进行修正。拉格朗日代价函数定义如下：

$$J(\delta v) = \left[I_k(p) - I_{k-1}(p + v^{(2)} + \delta v) \right]^2 + \lambda \|\delta v\|^2 \quad (2-6)$$

最小化 J，得出

$$\delta v(p) = \frac{-\varepsilon \varphi}{\lambda + \|\varphi\|^2} \quad (2-7)$$

式中：$\varepsilon = I_k(p) - I_{k-1}(p + v^{(2)})$ 表示预测误差；$\varphi = \nabla I_{k-1}(p + v^{(2)})$ 表示运动补偿图像的空间梯度。

基于 CR 算法的图像内插法是在 CR 算法的基础上进行的改进。同前向运动估计一样，以宏块为单位进行扫描。宏块和宏块中的像素都以光栅扫描顺序扫描。

如图 2-3 所示，前向运动估计的矢量 v^{FWD} 作为 CR 算法中的初始化值。边信息生成过程有以下步骤。

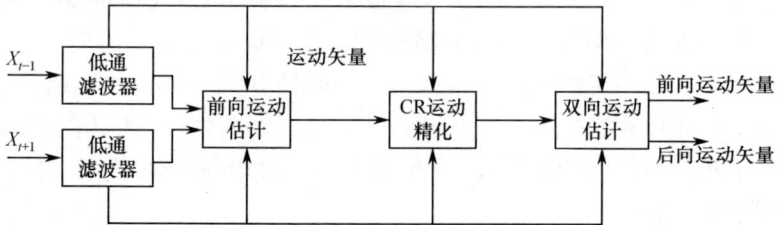

图 2-3 基于 CR 算法的图像内插法

步骤一：低通滤波

低通滤波器能够有效地去掉图像的高频细节部分，高频细节容易引起运动估计的错误，因此对已解码的关键帧进行低通滤波处理，以提高运动估计的可靠性；

步骤二：前向运动估计

以 X_{t-1} 作为参考帧，通过运动估计得出 X_{t+1} 帧中的每一块的运动矢量，进而得出一个矢量场 v^{FWD}。

步骤三：CR 运动精化

首先，初始化。与上面提到的 CR 算法类似。如果 p 是一个宏块中的首像素位置（即左上角的位置），则 $v^{(1)}(p) = v^{FWD}(p)$。否则，不管 p 的相邻像素是否在同一块中，都用不同的加权系数，取其左边、上边和右上边的相邻矢量的加权平均值初始化 $v^{(1)}(p)$。

其次，矢量确认。在矢量确认这一步骤中，不仅要计算与 $v^{(1)}(p)$ 相关的运动补偿误差和非运动补偿误差，还要计算与 v^{FWD} 相关的运动补偿误差。然后选择具有最小绝对误差的那个矢量值。同原算法一样，为了降低置 0 的频率，用 γ 调节非运动补偿误差。

最后，求精过程。求精过程中，与一般的 CR 算法使用的约束条件不同，这里采用更为严格的约束条件，即

$$D(\nabla I) = \frac{1}{|\nabla I|^2 + 2\sigma^2} \left[\left(\begin{matrix} \dfrac{\partial I}{\partial y} \\ -\dfrac{\partial I}{\partial x} \end{matrix} \right) \left(\begin{matrix} \dfrac{\partial I}{\partial y} \\ -\dfrac{\partial I}{\partial x} \end{matrix} \right)^T + \sigma^2 I_2 \right] \quad (2-8)$$

考虑扩展矩阵时，能抑制物体边界出现的模糊现象。这种约束条件在光流法运动估计中经常使用，称为 Nagel - Enkelmann 约束条件。以此定义的代价函数为

$$J(\delta v) = [I_{k+1}(p) - I_{k-1}(p + v^{(2)} + \delta v)]^2 + \lambda \delta v^T D \delta v \quad (2-9)$$

式中：$D = D(\nabla I_{k-1})$。且在均匀区域，有 $\sigma^2 \gg |\nabla I_{k-1}|^2$，此时代价函数与式（2-6）等价。

对式（2-9）展开

$$J \approx [I_{k+1}(p) - I_{k-1}(p + v^{(2)}) - \nabla I_{k-1}(p + v^{(2)})^T \delta v]^2 + \lambda \delta v^T D \delta v$$

$$= (\varepsilon + \varphi^T \delta v)^2 + \lambda \delta v^T D \delta v \quad (2-10)$$

式中：$\varepsilon = I_{k+1}(p) - I_{k-1}(p + v^{(2)}(p))$；$\varphi = \nabla I_{k-1}(p + v^{(2)}(p))$。

然后求 δv^*。最小化代价函数：J 的一阶偏导数置 0。

$$\frac{\partial J}{\partial \delta v}(\delta v^*) = 2(\varepsilon \varphi^T \delta v^*)\varphi + 2\lambda D \delta v^*$$

$$= 2(\varphi \varphi^T + \lambda D)\delta v^* + 2\varepsilon \varphi = 0$$

利用 D 的对称性，得到

$$\delta v^* = -(\boldsymbol{\varphi}\boldsymbol{\varphi}^{\mathrm{T}} + \lambda \boldsymbol{D})^{-1}\varepsilon\boldsymbol{\varphi} \qquad (2-11)$$

根据矩阵求逆原理，得到最佳的 δv^*，即

$$\delta v^* = \frac{-\varepsilon \boldsymbol{D}^{-1}\boldsymbol{\varphi}}{\lambda + \boldsymbol{\varphi}^{\mathrm{T}}\boldsymbol{D}^{-1}\boldsymbol{\varphi}} \qquad (2-12)$$

步骤四：双向运动估计

进行双向运动估计后，用得出的运动矢量进行内插，即可得到内插的边信息。

2.2.3 基于哈希信息的边信息生成方法

如果相邻参考帧之间满足线性运动的条件下，通过运动估计/补偿得到的边信息能够获得比较好的质量。但是很多视频序列无法满足这个条件。实际的视频帧之间的运动很容易受光强变化、镜头缩放、转动以及遮挡与露出等方面的影响，形成非线性的运动，因而造成边信息质量的降低。解码端如果获得当前帧的一些信息，可以提高边信息的质量，进而提高重建帧的质量。基于此类思想，有文献提出基于哈希码的边信息生成方法。在编码端增加哈希校验器生成额外信息，传送至解码端辅助解码器生成边信息。此外，循环冗余校验（Cyclic Redundant Check，CRC）、简单的下采样、传递高频系数等这些额外信息都能提高解码端边信息的质量。

基于哈希校验的边信息生成方法的基本思想是：对于 DCT 块重要系数及 WZ 帧相对参考帧差值大的变换系数进行保护，生成额外信息传至译码端。文献［13］提出将 WZ 帧部分粗糙量化的 DCT 系数作为哈希信息。Yaacoub 等也提出一种基于哈希码的方案，用遗传算法选择一帧内不同区域的边信息的最佳值。为了提高边信息的质量，在接收端融合两种或者更多的内插技术。文献［14］提出了一种新颖的哈希驱动的 WZ 视频编码方案。方案中，每一个 WZ 帧的低分辨率版本作为哈希信息都会被发送到解码端以辅助完成精确的运动补偿预测。一旦重要的 WZ 信息被成功解码，获得的运动场就会得到加强。利用解码的哈希信息 $\widetilde{W}$ 和两个参考帧 $R^n (n = \{0,1\})$，进行双向运动预测。具体方案如图 2-4 所示。

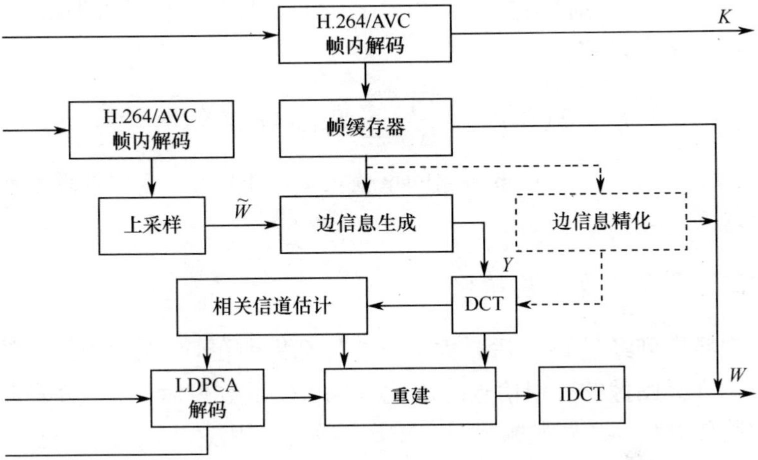

图 2 - 4　基于哈希驱动的边信息生成

2.2.3.1　基于哈希码的运动估计

已解码且上采样后的哈希信息和参考帧用来进行重叠块的运动估计和补偿，以便生成边信息。

首先，将经过解码和上采样的哈希数据 $\widetilde{W}$ 分为重叠的 16×16 的空间块，重叠步长为 4 个像素。在参考帧 R^n 内，重叠块的最佳匹配块在 15 个像素范围内进行搜索。最佳匹配块的运动矢量使得下式具有最小的 SAD 值，即

$$\text{SAD}^n = \sum_{i=0}^{15} \sum_{j=0}^{15} \left| \widetilde{W}(i + p_x, j + p_y) - R^n(i + p_x + v_x^n, j + p_y + v_y^n) \right|$$

$$(2 - 13)$$

$\boldsymbol{p} = (p_x, p_y)$ 为 $\widetilde{W}$ 中的块的左上角的坐标；$\boldsymbol{V}^n = (v_x^n, v_y^n)$ 为参考帧 R^n 的运动矢量。每一个重叠块表示为 $\widetilde{W}_{p^k} = \widetilde{W}(i + p_x^k, j + p_y^k)$ $(0 \leqslant i, j \leqslant 15)$。每个重叠块只保留一个最佳的运动矢量 $\boldsymbol{V}_k = \boldsymbol{V}_k^{n=0}$ 或 $\boldsymbol{V}_k^{n=1}$。得到的运动场构成最佳的时间预测帧 $R_{p^k + V_k}$，以及边信息重建块 Y_{p^k}。由于估计块是重叠的，Y 中的像素 $Y(i', j')$ 属于多个重叠块 Y_{p^k}。对每个重叠块用 OBME（Overlapped Block Motion Estimation）方法确定最佳时间预测帧 $R_{p^k + V_k}$，因此，边信息的每个像素都有多个预测值

$R_{p^k+V_k}(i^k,j^k)$。在补偿过程中，$Y(i',j')$ 由 OBME 方法得到的预测像素值的均值决定。定义为

$$Y(i',j') = \frac{1}{K_{pk}} \sum_{k=0}^{K_{pk}-1} R_{p^k+V_k}(i^k,j^k) \qquad (2-14)$$

式中：K_{pk} 为 $Y(i',j')$ 像素所属的重叠块 Y_{pk} 的个数。这种处理方法减小了块效应。

2.2.3.2 边信息精化

视频序列经过 DCT 后，大部分能量都集中在 DC 系数中，有效的代表了视频图像的有用信息。因此解码 DC 系数带后，WZ 解码器便可取得较好的 WZ 解码帧质量。解码器可以利用这一额外的信息，提高运动场的准确度。为了避免构造一个复杂的过完备的 DCT 表示域，因此边信息精化在空间域进行。利用已解码的 DC 系数值，更新初始的边信息，寻找更精确的运动矢量以提高解码帧的质量。

2.2.4 基于 EM 算法的边信息生成方法

基于 EM（Expectation maximization）算法的边信息生成方法通过译码端运动估计与 Slepian – Wolf 译码器联合迭代译码，从而利用编码端主信息逐步提高边信息质量。在编码端不传递辅助信息的前提下，有效地提高边信息的质量。其框架如图 2 – 5 所示。

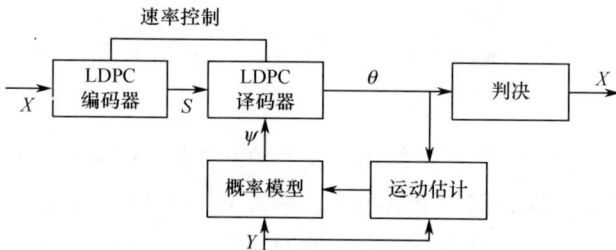

图 2 – 5　解码端前向运动学习框架示意图

2.2.4.1 解码端信源后验概率模型

令 X 和 Y 为两个相邻的视频帧，其中 Y 为 X 的前一帧，且有 X

相对于 Y 的前向运动场 M，如图 2 - 5 所示。X 与经过运动补偿后的 Y 之间的残差被视为独立的拉普拉斯噪声 Z。建立一个解码端的信源 X 的后验概率分布模型，θ 为其中的参数

$$P_{\text{app}}\{X\} = P\{X;\theta\} = \prod_{i,j} \theta(i,j,X(i,j)) \qquad (2-15)$$

式中：$\theta(i,j,w) = P_{\text{app}}\{X(i,j) = w\}$ 表示灰度值为 $w \in \{0,\cdots,2^d - 1\}$ 的 $X(i,j)$ 软判决估计。

2.2.4.2 前向运动矢量概率模型

解码端的前向运动矢量概率场 M 是通过由 LDPC 校验陪集 S 和边信息 Y 解出的编码比特软判决概率 θ 与边信息 Y 计算获取，将前向运动矢量 M 的后验概率分布表示为

$$P_{\text{app}}\{\boldsymbol{M}\} := P\{\boldsymbol{M} \mid Y,S;\theta\} \propto P\{\boldsymbol{M}\}P\{Y,S \mid \boldsymbol{M};\theta\} \quad (2-16)$$

式中：Y 表示边信息，S 表示校验陪集，θ 表示判决概率分布。该式的具体求解用 EM 算法进行实现。其中 E - step 利用 2.2.4.1 节的信源模型参数更新前向运动场分布，而 M - step 通过前向运动场分布更新信源模型参数。详细求解见以下两节。

2.2.4.3 E - step 算法

E - step 用于更新前向运动场 M 的概率分布，公式表示为

$$P_{\text{app}}^{(t+1)}\{\boldsymbol{M}\} := P_{\text{app}}^{(t)}\{\boldsymbol{M}\}P\{Y,S \mid \boldsymbol{M};\theta^{(t+1)}\} \qquad (2-17)$$

式中：上标 (t) 为第 t 次迭代的计算结果。

由于 M 取值范围较大，式（2 - 17）的计算复杂。通过以下两个方法加以简化：首先，忽略校验比特 S 的信息，因为其在 M - step 中的 LDPC 解码中用到；其次，允许基于像素点的运动场 M 的估计更改为基于块的运动矢量 $\boldsymbol{M}_{u,v}$。对于简化后的块长度 k，每个 $k \times k$ 宏块的 θ 值与 Y 值的对应块的固定搜索范围内进行块的比较。对于每个宏块 $\theta_{u,v}$，(u,v) 表示该块的左上角像素点。用 $\boldsymbol{M}_{u,v}$ 的概率分布表示前向运动场，公式表达为

$$P_{\text{app}}^{(t+1)}\{\boldsymbol{M}_{u,v}\} := P_{\text{app}}^{(t)}\{\boldsymbol{M}_{u,v}\}P\{Y_{(u,v)+\boldsymbol{M}_{u,v}} \mid \boldsymbol{M}_{u,v};\theta_{u,v}^{(t+1)}\}$$

$$(2-18)$$

式中：$Y_{(u,v)+M_{u,v}}$ 为左上角像素位置为 $((u,v)+M_{u,v})$ 的 Y 中一个 $k \times k$ 宏块；$P\{Y_{(u,v)+M_{u,v}} \mid M_{u,v}; \theta_{u,v}\}$ 为 $X_{u,v}$ 的第 $(t+1)$ 参数 $\theta_{u,v}$ 通过运动矢量 $M_{u,v}$ 更新获取的 $Y_{(u,v)+M_{u,v}}$ 的概率。该过程可参见图 2-6 的左边部分。

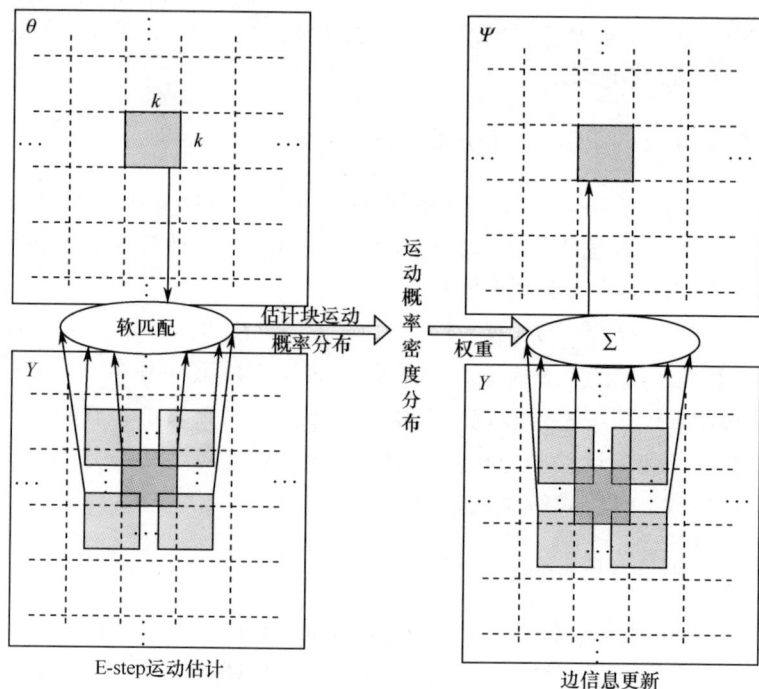

图 2-6　E-step 运动估计和边信息更新

2.2.4.4　M-step 算法

M-step 算法通过边信息 Y 和校验序列 S 的最大似然值不断更新解码帧的软判决概率，使其更接近原始帧，公式表示为

$$\theta^{(t+1)} := \arg \max_{\theta} P\{Y,S;\theta\}$$

$$= \arg \max_{\theta} \sum_{m} P_{\text{app}}^{(t)}\{M=m\} P\{Y,S \mid M=m;\theta\} \qquad (2-19)$$

通过联合比特平面 LDPC 解码的迭代不断接近最大似然值。联合比特平面 LDPC 解码器的输入边信息概率分布 $\Psi_{u,v}$ 是基于 $P_{\text{app}}^{(t)}\{M_{u,v}\}$

的块 $Y_{(u,v)+M_{u,v}}$ 估计生成。如图 2-6 的右侧图所示。通过该混合边信息计算，在像素点 (i,j) 的值 w 表示为

$$\psi(i,j,w) = \sum_m P_{app}^{(t)}\{M = m\} P\{X(i,j) = w \mid M = m,Y\}$$

$$= \sum_m P_{app}^{(t)}\{M = m\} p_z(w - Y_m(i,j)) \qquad (2-20)$$

式中：$p_z(\cdot)$ 为独立加性噪声 z 的概率方程，即 $z = w - Y_m(i,j)$，在一般 LDPC 框架中，均把 X 与 Y 的相关性表示为拉普拉斯噪声模型；Y_m 为通过前向运动参数 m 补偿获取的 Y 帧重建帧。

联合比特平面 LDPC 解码器的像素节点将边信息分布和从相连的比特节点获得的对数似然比 $\log \dfrac{\alpha_g}{1 - \alpha_g}(g \in \{1,\cdots,d\})$ 结合在一起，并发送对数似然比 $\log \dfrac{\beta_h}{1 - \beta_h}(h \in \{1,\cdots,d\})$ 至其连接的比特节点。

其中

$$\log \frac{\beta_h}{1 - \beta_h} = \log \frac{\sum\limits_{w:w_h=1} \psi(i,j,w) \prod\limits_{g \neq h} \alpha_g^{1[w_g=1]} (1 - \alpha_g)^{1[w_g=0]}}{\sum\limits_{w:w_h=0} \psi(i,j,w) \prod\limits_{g \neq h} \alpha_g^{1[w_g=1]} (1 - \alpha_g)^{1[w_g=0]}}$$

$$(2-21)$$

式中：w_g 和 w_h 分别为灰度值 w 二进制表示的第 g 个和第 h 个 MSB。该符号节点同时生成信源 X 的软判决估计

$$\theta^{(t+1)}(i,j,w) := \psi(i,j,w) \prod_{g=1}^{d} \alpha_g^{1[w_g=1]} (1 - \alpha_g)^{1[w_g=0]} \quad (2-22)$$

2.2.4.5 迭代终止条件

在 E-step 和 M-step 间的迭代不断地学习前向运动矢量。当 $\hat{X}(i,j) = \arg\max_w \theta(i,j,w)$ 硬判决输出值等于校验值 S，该算法迭代成功。

在 EM 迭代的过程中，运动矢量逐渐精确，而精确的运动矢量带来边信息质量的逐渐提高，最终获得译码帧的精确估计。

2.3 基于卡尔曼滤波的边信息生成技术

为了创建精确的边信息，运动估计过程中通常用全搜索算法寻找最佳匹配块。全搜索算法在事先设置好的范围内进行遍历搜索，非常耗时。为了减少计算复杂度，提出了很多快速搜索算法，如三步搜索（Three Step Search，TSS）、新三步搜索（New Three Step Search，NTSS）和钻石搜索（Diamond Search，DS）。然而，这些快速搜索算法可能会收敛于局部极小值，从而导致性能的下降。由于每帧图像中连续块之间存在较强的运动相关性，可以在具有相关性的特定块中进行运动矢量预测。众所周知，卡尔曼滤波器可以看作一个迭代的预测器。它以均方误差最小为准则，提供了一种高效可计算的方法来估算过程的状态。此外，卡尔曼滤波器还能实现实时性，并能消减噪声。基于此，为了减小计算运动矢量的复杂度，提高运动矢量的精确性，本章提出一种基于卡尔曼滤波的边信息生成方法。该算法结合前向运动估计、双向运动估计、空间平滑以及双向运动补偿生成边信息。

2.3.1 卡尔曼滤波

卡尔曼滤波是一种有效的递归过程，它从一系列的噪声测量值估计动态系统的状态。卡尔曼滤波器用一系列递归数学公式描述状态空间的概念，即

$$v(k) = \Phi(k-1)v(k-1) + \Gamma(k)w(k) \qquad (2-23)$$
$$z(k) = H(k)v(k) + n(k) \qquad (2-24)$$

式中：$v(k)$ 和 $z(k)$ 分别为 k 时刻的状态矢量和测量矢量；$\Phi(k-1)$ 为状态转移矩阵，$H(k)$ 为测量矩阵；$\Gamma(k)$ 为耦合矢量；$w(k)$ 为系统误差，其协方差矩阵和方差分别为 $Q(k)$ 和 $q(k)$；测量误差为 $n(k)$，其协方差矩阵和方差分别为 $R(k)$ 和 $r(k)$。

卡尔曼滤波包括两个连续的过程，即预测过程和更新过程[20]。预测过程主要是及时计算当前状态变量和误差协方差的值，以便为下一个时间状态构造先验估计。更新过程是将先验估计和新的测量变量结合以构造改进的后验估计。通常假设 $w(k)$ 和 $n(k)$ 均为高斯白噪

声，且 $E[w(k)n^T(l)]=0$ 。初始条件：$E[v(0)] = \hat{v}(0)$ ；$E[(v(0) - \hat{v}(0))(v(0) - \hat{v}(0))^T] = P(0)$ 。

（1）预测过程

状态预测：

$$\hat{v}^-(k) = \boldsymbol{\Phi}(k-1)\hat{v}^+(k-1) \tag{2-25}$$

预测误差的协方差：

$$\boldsymbol{P}^-(k) = \boldsymbol{\Phi}(k-1)\boldsymbol{P}^+(k-1)\boldsymbol{\Phi}(k-1)^T + \boldsymbol{\Gamma}(k)\boldsymbol{Q}(k-1)\boldsymbol{\Gamma}(k)^T \tag{2-26}$$

（2）更新过程

状态更新：

$$\hat{v}^+(k) = \hat{v}^-(k) + \boldsymbol{K}(k)[\boldsymbol{Z}(k) - \boldsymbol{H}(k)\hat{v}^-(k)] \tag{2-27}$$

更新误差的协方差：$\boldsymbol{P}^+(k) = [\boldsymbol{I} - \boldsymbol{K}(k)\boldsymbol{H}(k)]\boldsymbol{P}^-(k)$ （2-28）

卡尔曼增益矩阵：$\boldsymbol{K}(k) = \boldsymbol{P}^-(k)\boldsymbol{H}(k)^T[\boldsymbol{H}(k)\boldsymbol{P}^-(k)\boldsymbol{H}(k)^T + \boldsymbol{R}(k)]^{-1}$ （2-29）

式中：$\boldsymbol{P}(k) = E[(v(k) - \hat{v}(k))(v(k) - \hat{v}(k))^T] = E[e(k)e^T(k)]$ ；上标"$-$"和"$+$"分别表示"测量前"和"测量后"。卡尔曼滤波过程可以看作一个预测—更新过程。预测方程中 $\hat{v}^-(k)$ 为测量前 k 时刻的系统状态，首先由 $k-1$ 时刻的状态 $\hat{v}^+(k-1)$ 预测出 $\hat{v}^-(k)$ ；之后在更新方程中由 $\hat{v}^-(k)$ 和测量值 $z(k)$ 更新测量后系统的状态 $\hat{v}^+(k)$ ，$\boldsymbol{K}(k)$ 为卡尔曼系数。

一般情况下，假设 $\boldsymbol{Q}(k)$ 和 $\boldsymbol{R}(k)$ 的值是恒定的。由于视频序列的非平稳性，这种相对的可靠性可能是随时间变化的。状态参数可以在更新的过程中，反映状态的变化。基于此，运动估计中考虑了自适应的情况，即 $q(k)$ 和 $r(k)$ 是随时间变化的。

定义三个误差函数 D_0、D_1 和 D_2 ，用来估计 $q(k)$ 和 $r(k)$ 。D_0 与真实的运动矢量 $v(k) = [v_x, v_y]$ 有关，D_1 与测量运动矢量 $z(k) = [z_x, z_y]^T$ 有关，D_2 与预测运动矢量 $\hat{\boldsymbol{V}}^-(k) = [\hat{v}_x^-, \hat{v}_y^-]^T$ 有关。

$$D_0 = \frac{1}{N \times N}\sum_{j=0}^{N-1}\sum_{l=0}^{N-1}|B_i(x_0+j, y_0+l) - \tilde{B}_{i-1}(x_0+j+v_x, y_0+l+v_y)| \tag{2-30}$$

$$D_1 = \frac{1}{N \times N} \sum_{j=0}^{N-1} \sum_{l=0}^{N-1} |B_i(x_0+j, y_0+l) - \tilde{B}_{i-1}(x_0+j+z_x, y_0+l+z_y)|$$

$$(2-31)$$

$$D_2 = \frac{1}{N \times N} \sum_{j=0}^{N-1} \sum_{l=0}^{N-1} |B_i(x_0+j, y_0+l) - \tilde{B}_{i-1}(x_0+j+v_x^-, y_0+l+v_y^-)|$$

$$(2-32)$$

式中：(x_0, y_0) 为当前宏块左上角的像素坐标。运动矢量 $v(k)$ 是未知的，因此 D_0 也无法计算得出，可以通过 D_1 和 D_2 来估计。因为 $D_0 \leqslant D_1$，$D_0 \leqslant D_2$，所以，D_0 可以用下式得出

$$D_0 = \min(D_1, D_2) \cdot \text{Ra} \qquad (2-33)$$

式中：Ra 为一个在 [0，1] 之间取值的权重因子。

基于 D_0、D_1 和 D_2 的定义，假设 D_0 和 D_1 之间的误差源于测量误差，D_0 和 D_2 之间的误差源于预测误差，所以有

$$q(k) = \frac{(D_2 - D_0)^2}{(D_1 - D_0)^2 + (D_2 - D_0)^2} \qquad (2-34)$$

$$r(k) = \frac{(D_1 - D_0)^2}{(D_1 - D_0)^2 + (D_2 - D_0)^2} \qquad (2-35)$$

$q(k)$ 和 $r(k)$ 的调整产生了一个随时间变化的卡尔曼增益，从而可以得到更可靠的运动矢量估计值。

2.3.2 基于卡尔曼滤波的运动估计

在视频帧中，相邻块之间的运动矢量相关性比较高，所以当前宏块的运动矢量可以从其空间相邻块来预测，采用自回归模型进行近似，并将其转化为状态方程。在对某一特定宏块的运动估计过程中，使用任意常规的运动搜索方法都能获得一个初始的运动矢量，作为当前宏块运动矢量的测量值。为了较小仿真的难度，本章采用简单的三步搜索算法获得运动矢量的测量值。卡尔曼滤波器是基于预测和测量的运动信息来获得最佳运动矢量估计，如图 2-7 所示。前面已经提到，卡尔曼滤波可以看作一个预测—更新过程，利用宏块的运动矢量的空间相关性得到预测值，再根据测量值对预测值进行校正；若测量值不准确，同样可以利用预测值修正测量误差。本书提出的基于卡尔

曼滤波的边信息生成方法具体过程如下：

步骤一，采用三步搜索法，运用前向运动估计获得宏块的运动矢量测量值 $z(k) = [z_x, z_y]^T$。

步骤二，卡尔曼滤波运动估计

①获取预测运动矢量

$$\hat{v}^-(k) = \Phi(k-1)\hat{v}^+(k-1)$$

②计算预测误差的协方差

$$P^-(k) = \Phi(k-1)P^+(k-1)\Phi(k-1)^T + \Gamma(k)Q(k-1)\Gamma(k)^T$$

③计算卡尔曼增益

$$K(k) = P^-(k)H(k)^T[H(k)P^-(k)H(k)^T + R(k)]^{-1}$$

④更新运动矢量估计值，即是宏块经过卡尔曼滤波后的估计值

$$\hat{v}^+(k) = \hat{v}^-(k) + K(k)[Z(k) - H(k)\hat{v}^-(k)]$$

⑤计算误差的协方差

$$P^+(k) = [I - K(k)H(k)]P^-(k)$$

步骤三，运动矢量估计值进一步进行双向运动估计精化，见2.2.1节。

步骤四，执行步骤一，进行下一个宏块的估计。

在自适应的卡尔曼运动估计中，上述的估计过程要有两点改进。其一，在上述的步骤一中还需要计算 D_1 的值，同时根据实验确定 Ra 的值。其二，步骤二中获取预测运动矢量后，要计算 D_0 和 D_2 的值，更新 $q(k)$ 和 $r(k)$，然后再计算预测误差的协方差。

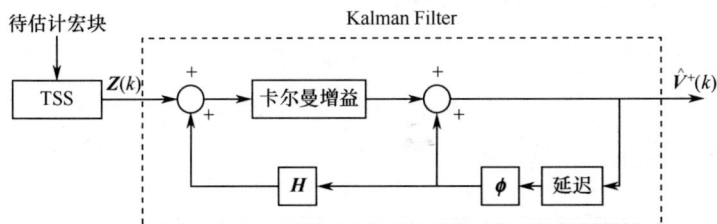

图 2-7　基于卡尔曼滤波的运动估计框图

2.3.3　空域平滑

为了提高运动矢量的精确性，这里加入了空域平滑过程。空域平滑过程采用加权矢量中值滤波器实现。滤波器输出的运动矢量满足下式

$$\mathbf{MV}_{\text{out}} = \underset{\mathbf{MV}_i}{\arg\min} \sum_{j=1}^{N} w_j \| \mathbf{MV}_i - \mathbf{MV}_j \|_2 \ (i \in [1,N]) \quad (2-36)$$

式中：$\mathbf{MV}_1, \mathbf{MV}_2, \cdots, \mathbf{MV}_N$ 为相邻块组成的候选运动矢量集；权重因子 w_j 与相应的运动矢量的匹配度有关；$\mathbf{MV}_{\text{out}}$ 为滤波器输出的运动矢量，它是所有候选运动矢量中与其他运动矢量的距离加权和最小的运动矢量。

权重因子 w_j 由预测误差决定

$$w_j = \frac{\text{MSE}(\mathbf{MV}_c, B)}{\text{MSE}(\mathbf{MV}_j, B)} \quad (2-37)$$

式中：$\mathbf{MV}_c$ 为当前需要进行平滑滤波的运动矢量。如果 $\mathbf{MV}_j$ 这个候选运动矢量得到的双向运动残差值比较大，则相应的权重因子就较小，对滤波器的输出运动矢量影响就较小。反之，对滤波器的输出运动矢量影响就较大。这样，就可以寻找得到最佳的运动矢量。

2.3.4 双向运动补偿

为了防止出现不适当的运动矢量精化，在进行双向运动补偿之前，用 SAD 准则选择空域平滑前后的运动矢量。假设经过中值矢量滤波器前后的运动矢量分别为 $\mathbf{MV}_a, \mathbf{MV}_b$。首先分别计算 $\mathbf{MV}_a, \mathbf{MV}_b$ 对应的块的 SAD 值，选择较小 SAD 值所对应的运动矢量作为最终进行运动补偿的运动矢量。

2.3.5 实验结果与分析

仿真实验条件设置如表 2-1 所列，分别选用标准视频序列库中 QCIF（176×144）格式的 Coastguard、Mother - daughter、Carphone 和 Mobile 序列进行测试，每个序列取 100 帧。偶数帧为关键帧，奇数帧为 WZ 帧。

表 2-1 实验条件

参数名称	参数值
测试序列	Coastguard、Mother - daughter、Carphone、Mobile
图像格式	QCIF（176×144）
帧数	100
GOP 大小	2

所有序列只计算亮度分量的 PSNR 值进行比较。PSNR 计算公式为

$$PSNR = 10 \times \lg \frac{255^2}{MSE} \qquad (2-38)$$

式中：MSE 为源序列图像与内插的边信息图像之间的均方误差。

表 2 - 2 列出了不同方法生成的边信息性能比较。其中 FS - SI 表示基于全搜索（Full Search，FS）运动估计算法的边信息，TSS - SI 表示基于三步搜索运动估计算法的边信息，KF - SI 表示三步搜索运动估计加上卡尔曼滤波的边信息，在滤波过程中 $q(k)$ 和 $r(k)$ 是常数，分别取值 0.85 和 0.15。AKF - SI 表示基于自适应卡尔曼滤波的边信息，$q(k)$ 和 $r(k)$ 的更新过程如 2.3.1 节所述。

表 2 - 2　边信息亮度分量的 PSNR 实验结果比较

视频序列	PSNR/dB			
	FS - SI	TSS - SI	KF - SI	AKF - SI
Coastguard	28. 1752	28. 3067	29. 1679	29. 2556
Mother - daughter	41. 7243	42. 0842	42. 1705	42. 3448
Carphone	33. 2534	33. 3094	33. 1472	33. 7870
Mobile	32. 8630	30. 5092	30. 6504	31. 1057

从表 2 - 2 仿真结果可以看出，对于测试序列 Coastguard、Mother - daughter 和 Carphone，全搜索运动估计生成的边信息与三步搜索算法生成的边信息质量相差不大，但是 Mobile 序列，全搜索算法的边信息比三步搜索 PSNR 值要高出大约 2.36dB。除了 Carphone 序列，其余三个序列经过卡尔曼滤波的边信息质量都有所提升，其中 Coastguard 序列 PSNR 值提高了大约 0.86dB。采用自适应卡尔曼滤波生成的边信息与未采用卡尔曼滤波之前相比，PSNR 值都明显提高。Mother - daughter 和 Carphone 序列平均 PSNR 值提升相对较低。

图 2 - 8 ~ 图 2 - 11 是四个测试序列采用不同方法生成的边信息的 PSNR 值分布图。横坐标为视频图像的帧号，奇数帧为 WZ 帧的边信息。Coastguard 序列包含物体的相对运动和镜头移动。在前 60 帧中，大型的快艇逐渐进入画面，并且河岸也随着镜头而移动。由于运动速度较快，每一帧都存在很多新进入画面的宏块。不管是基于非自适应卡尔曼滤波

的边信息还是基于自适应卡尔曼滤波生成的边信息 PSNR 值都高于三步搜索生成的边信息。之后出现镜头上移，背景与前景均剧烈运动，造成 PSNR 值大幅度下滑，此时基于非自适应的卡尔曼滤波的边信息质量与三步搜索生成的边信息差异变小，甚至出现低于三步搜索法生成的边信息的情况。这是因为在卡尔曼运动估计过程中 $q(k)$ 和 $r(k)$ 是常数，对于较为复杂并且剧烈的运动图像，其估计出的运动矢量精确度不高。

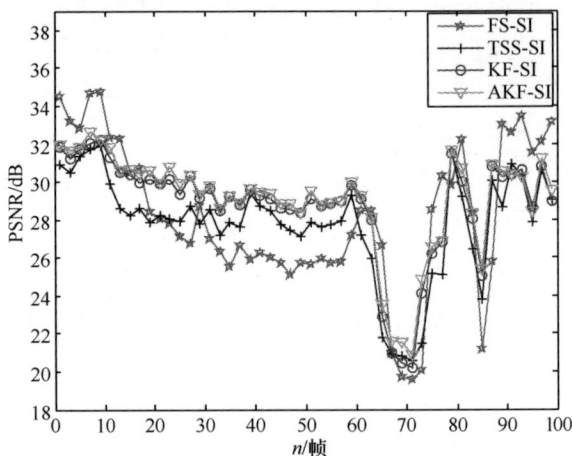

图 2 - 8   Coastguard 序列边信息 PSNR 分布图

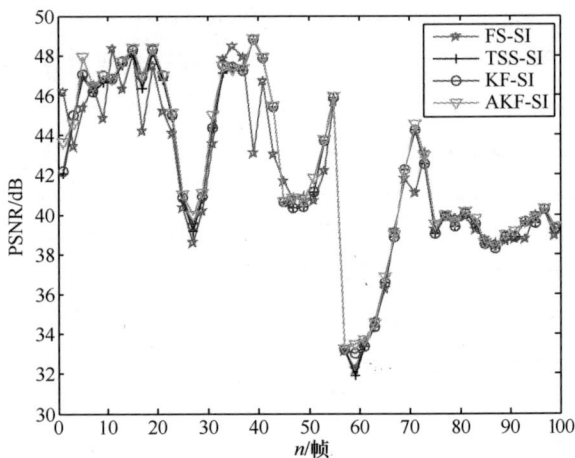

图 2 - 9   Mother - daughter 序列边信息 PSNR 分布图

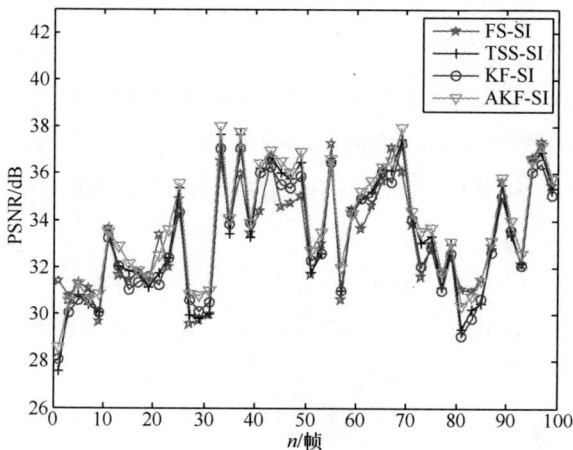

图 2 - 10　Carphone 序列边信息 PSNR 分布图

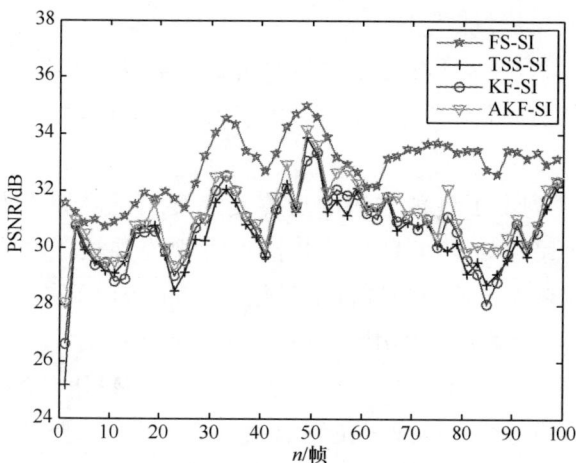

图 2 - 11　Mobile 序列边信息 PSNR 分布图

　　图 2 - 9 中的人物对话场景 Mother - Daughter 序列的背景是完全静止的，前景面积大，包括抬手、放手、小幅度的转头等。在人物转头和人物抬手部分 PSNR 值下降明显。但是由于运动宏块占整帧序列比例小，并且运动比较缓慢，因此加上卡尔曼滤波之后生成的边信息质量改善不是很明显。

Carphone 序列中相对于背景，汽车做匀速运动，人物相对于汽车的运动虽然不是很剧烈，但是运动区域较大，运动估计的难度加大，卡尔曼滤波器对初始运动矢量的估计会产生较大的偏差，得到的边信息质量有所下降。而自适应的卡尔曼滤波，根据图像的运动特性更新 $q(k)$ 和 $r(k)$，得到的运动矢量准确度提高了，因此边信息质量得到了改善。

Mobile 序列的运动虽然不是十分剧烈，运动突变的现象不明显，但是细节比较丰富。采用自适应的卡尔曼滤波取得了较好的效果。

仿真过程中选择三步搜索算法进行运动估计，使得滤波器的测量运动矢量精度不是很高，可能会造成仿真过程中存在一些误差，尽管这样，但是仿真结果还是能在一定程度上显示了基于卡尔曼滤波的边信息生成方法的性能优势。

另一方面，从运算复杂度角度来讲，与全搜索相比，基于卡尔曼滤波的边信息生成方法避免了再大范围内的运动搜索，有效降低了运算复杂度。

表 2-3 列出了各种方法的运算复杂度情况。如果宏块大小为 16，搜索窗尺寸为 15×15。将减法运算视为加法，除法运算视为乘法。计算过程中适当的进行了简化，比如，$r(k)$ 的更新并没有用式（2-35）计算，直接用了 $r(k) = 1 - q(k)$。为了减小计算量，在计算 D_1 和 D_2 的过程中，用 SAD 值代替了 MAD。全搜索算法运动估计过程中每个宏块搜索位置点为 225。每个点要计算一次 SAD 值，需要进行 511 次加法和 256 次绝对值运算。而三步搜索法值需要搜索 25 个位置点。每个点的运算量也是 511 次加法和 256 次。基于非自适应卡尔曼滤波的运动估计经过合理的简化后，在三步搜索法的基础上有所增加，但是相对于繁重的全搜索运算量是微乎其微的。自适应卡尔曼滤波过程因为 $q(k)$ 和 $r(k)$ 两个参数的更新变化又增加了一些复杂度。但是增加的复杂度大约只是三步搜索的 4% 左右。

表 2 - 3   各种算法的运算复杂度分析

算法	复杂度分析			
	加法	乘法	平方	绝对值
FS	114975	0	0	57600
TSS	12775	0	0	6400
KF	12787	8	0	6400
AKF	13302	16	0	6656

2.4 基于空间相关性的边信息改进方法

目前边信息生成方法主要包括两类：第一类是基于相邻帧线性预测方法，即边信息由相邻帧线性预测获得，预测方法可以是前一相邻帧和后一相邻帧运动补偿内插，或者采用相邻帧运动补偿外推；第二类是基于编码端辅助信息生成方法，即在编码端为待译码的 WZ 帧传送辅助信息，用以辅助译码端生成更高质量的边信息。这类方法编码端传递过多的辅助信息会增加编码复杂度，带来系统压缩性能的降低。而第一类方法主要受限之处在于，相邻视频序列中物体的运动是线性运动，通过线性预测得到插值后的图像。线性插值法在处理慢速、简单运动的视频序列时效果良好，但是当处理中高速运动或者运动复杂的物体时，线性插值法的性能急剧下降，造成最后重构的 WZ 帧效果较差。然而，视频帧除了在时间上具有连续性和相关性，在空间上也存在相关性，通常在运动补偿时域内插（MCTI）方法中没有利用视频帧在空域上的相关性。为补偿线性假设和高速运动的限制，提出了一种边信息改进方法。对于视频帧中运动复杂或者高速运动的区域，利用空间相关性改进边信息质量。

2.4.1 提出的边信息改进方法

提出一种边信息的改进方法，首先利用时间相关性生成初始边信息，对于运动复杂或者高速运动的区域，时间方向上预测不准确，此时利用空间上的相关性对初始边信息的对应区域进行空域修正。DVC解码端边信息的生成过程如图 2 – 12 所示。

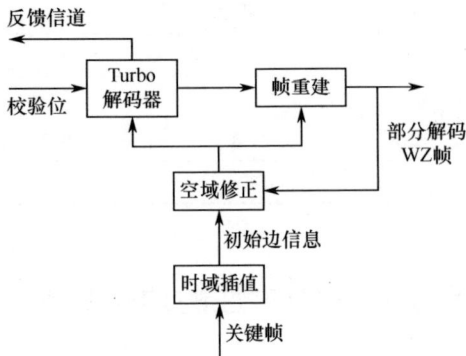

图 2 – 12　使用空域相关性修正初始边信息

边信息改进方法如下：首先，已解码的相邻关键帧使用 MCTI 方法获得初始边信息，在运动估计过程中，记录下运动矢量的大小，对运动矢量幅度大于某一给定阈值的块，认为该区域的运动复杂或者速度较快，该区域的块需要下一步的空域修正。其次，使用信道传输的校验比特对初始边信息进行初次译码，此时生成的 WZ 帧称为部分译码的 WZ 帧。对部分译码的 WZ 帧的运动剧烈块采用本文提出的空域修正方法进行修正，具体过程如下所述。最后，将修正后的部分译码的 WZ 帧作为边信息，结合校验比特进行第二次译码，通过重构和反DCT 变换后得到最终的译码 WZ 帧。

本书提出的空域修正方法如图 2 – 13 所示。图 2 – 13(a)是部分译码的 WZ 帧，块 A 是需要进行空域修正的区域。假设 A 的相邻位置处的其他块 a, b, c, d 都不需要进行空域修正，那么对 A 处的像素为

$$A'(x,y) = \frac{a(x,y+8) + b(x-8,y) + c(x,y-8) + d(x+8,y)}{4}$$

$$(2-39)$$

式中：$a(x, y)$ 表示块 a 位于 (x, y) 处的像素值，同理对于块 b, c, d，此处认为各相邻块在预测 A 块时的权值相同。$A'(x, y)$ 表示块 A 位于 (x, y) 处像素的预测值，该像素的实际值为 $A(x, y)$。由于实

际值 A (x, y) 与预测值 A' (x, y) 之间存在误差 d_A，因此，如果能够计算出 d_A，那么实际值由式（2-40）得出：

$$A (x, y) = A' (x, y) + d_A \qquad (2-40)$$

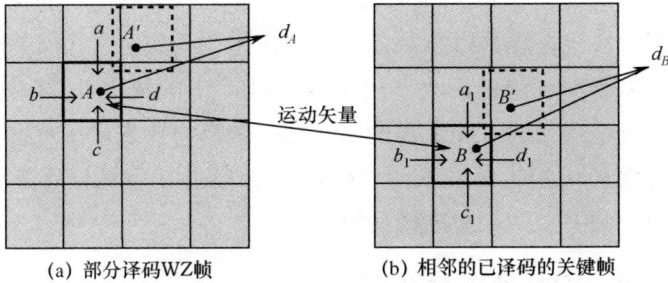

(a) 部分译码WZ帧　　　　　(b) 相邻的已译码的关键帧

图 2 - 13　本书提出的空域修正方法

本书提出使用相邻的已译码的关键帧中对应块的信息来估计部分译码 WZ 帧中的 d_A。图 2 - 13（b）是与当前 WZ 帧相邻的已译码的关键帧，可以是前一关键帧，也可以是后一关键帧，图 2 - 13（a）中块 A 是图 2 - 13（b）中块 B 通过运动估计得到的，二者是通过运动矢量相关联的对应块，即 A (x, y) 对应 B (m, n)，对块 B 使用与 A 相同的空间预测算法得到预测块 B'，即

$$B'(m,n) = \frac{a_1(m,n+8) + b_1(m-8,n) + c_1(m,n-8) + d_1(m+8,n)}{4}$$

$$(2-41)$$

式中：B' (m, n) 为块 B 位于 (m, n) 处像素的预测值；a_1，b_1，c_1，d_1 为块 B 的相邻块，用来进行空间预测。对已译码的关键帧来说，实际值 B (m, n) 是已知的，因此实际值与预测值之间的误差为

$$d_B = B (m, n) - B' (m, n) \qquad (2-42)$$

得到关键帧中空间预测与实际值之间的误差 d_B 后，使用该误差值作为部分译码 WZ 帧空间预测误差 d_A。本书使用前后两个关键帧作为参考帧，假设前后两帧与图 2 - 13 中 A (x, y) 对应的分别是 B (m, n)、C (u, v)，分别计算对应块的空间预测误差 $d_{B-before}$ 和 d_{B-back}，取二者的平均值为

$$d_A(x,y) \approx \frac{d_{B-\text{before}}(m,n) + d_{B-\text{back}}(u,v)}{2} \qquad (2-43)$$

本算法在实现过程中，对图 2-13（a）中块 A 进行空间预测时，使用的相邻块都是部分译码 WZ 帧中不需要进行空域修正的块。如果块 A 的相邻块也需要进行空域修正，那在预测 A 块时使用除该块之外的其余不需要空域修正的块，相应地关键帧中的块 B 也使用同样位置的块进行空间预测。如果 A 的四个相邻块都需要进行空域修正，则增大块的像素（如从 8×8 变为 16×16），以保证空域修正的参考块都是时间方向上预测较为准确的块。

2.4.2 实验结果与分析

仿真实验条件设置如表 2-4 所列：分别选用标准视频序列库中 QCIF（176×144）格式的 Foreman 和 Coastguard 序列进行测试，每个序列取 100 帧，帧率为 30fps。编码时，偶数帧为关键帧，采用 H.264/AVC 帧内模式编码；奇数帧为 WZ 帧，采用 Wyner-Ziv 编码。DVC 系统性能测试中，每组图片（GOP）的数目是 2。

表 2-4　实验条件

参数名称	参数值
测试序列	Coastguard、Mother-daughter、Carphone、Mobile
图像格式	QCIF（176×144）
帧数	100
帧率/(f/s)	30
GOP 大小	2

将本算法用于 Aaron 等提出的 DVC 系统中。仿真过程中，峰值信噪比 PSNR 用每一帧的亮度分量计算。RD 曲线只考虑 WZ 帧亮度分量的平均码率及平均 PSNR 值。

图 2-14 和图 2-15 分别给出了 Foreman 序列和 Coastguard 序列的前 100 帧的边信息的 PSNR 的仿真结果。提出的边信息改进方法与 MCTI 进行对比。

从图 2 – 14 和图 2 – 15 可以看出，提出的基于空域修正的边信息改进方法，更有效地提高了视频序列边信息的 PSNR 值。对 Foreman 序列和 Coastguard 序列，采用提出的方法提升的 PSNR 的平均值分别约为 0.94dB 和 1.68dB。提出的方法主要是对运动剧烈的块进行空域修正，因此对运动相对较快的 Coastguard 序列提升的性能比较大。

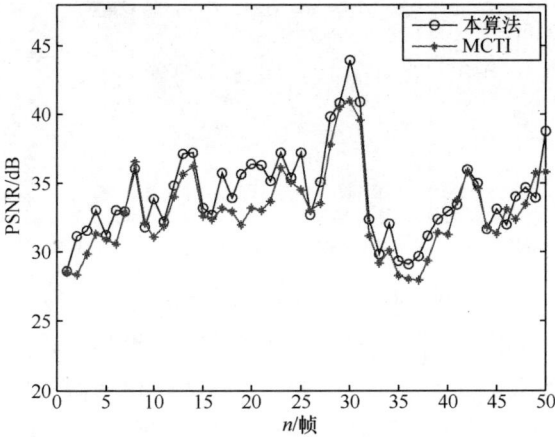

图 2 – 14　Foreman 序列边信息 PSNR 值

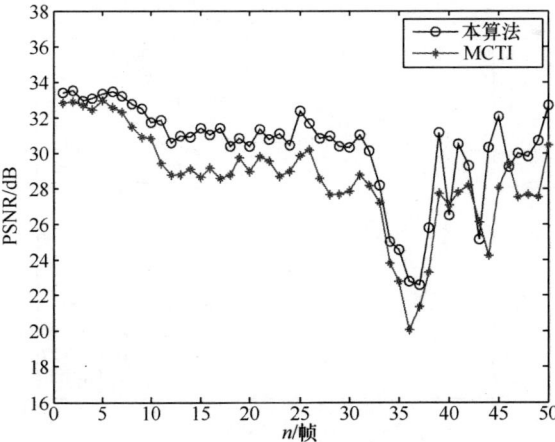

图 2 – 15　Coastguard 序列边信息 PSNR 值

为了更直观的观察边信息的改进质量，图 2 – 16 给出 Coastguard 第 75 帧，使用 MCTI 和本算法的仿真结果图。由图 2 - 16 可知，MCTI方法在大多数背景区域，内插效果很好，但是由于快艇的速度很快，其上的人物受到背景的影响，轮廓非常模糊。通过本文的空域修正后，人物的轮廓变得比较清晰，提高了图像的视觉主观质量。

(a) 原始帧　　　　　(b) 使用MCTI的边信息　　　　(c) 本算法生成的边信息

图 2 - 16　Coastguard 主观质量比较（第 75 帧）

图 2 - 17 和图 2 - 18 为两个序列的率失真曲线。将提出的新算法与 Aaron 等提出的方案、H.264 帧内、H.264 帧间做了比较。从仿真结果可以看出：提出的算法和 Aaron 算法相比 PSNR 性能提高了 0.7 ~ 1.5dB，也相应缩小了 DVC 与 H.264 帧间编码率失真性能之间的差距。

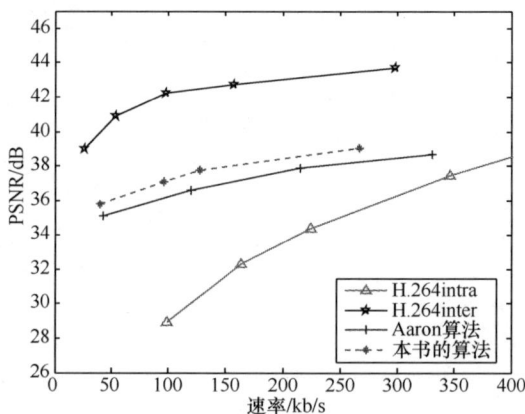

图 2 - 17　Foreman 序列率失真曲线

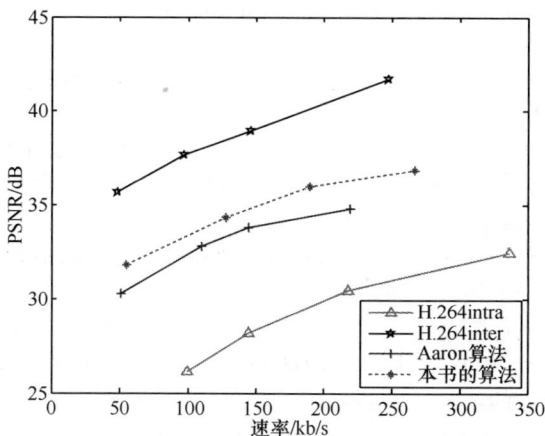

图 2 – 18　Coastguard 序列率失真曲线

2.5　本章小结

　　分布式视频编码系统中，边信息生成方法是关键技术之一。本章首先对现有的边信息技术进行了概述，详细介绍了四种典型的边信息生成方法，然后提出了一种基于卡尔曼滤波的边信息生成方法。仿真结果表明，对于不同的序列，边信息质量改善程序不同。基于卡尔曼滤波的边信息与全搜索算法的边信息相比，计算复杂度大大降低。对于测试的大多数序列，与三步搜索算法的边信息相比，基于卡尔曼滤波的边信息生成方法在计算复杂度有少许增加的情况下，提高了边信息的质量。对于视频帧中运动复杂或者高速运动的区域，提出了一种利用空间相关性的边信息改进方法，仿真表明其算法有效提高了边信息质量。

参 考 文 献

[1] Slepian D, Wolf J. Noiseless coding of correlated information sources [J]. IEEE Transactions on Information Theory, 1973, 19 (4): 471 – 480.

[2] Wyner A, Ziv J. The rate – distortion function for source coding with side information at the de-

coder [J]. IEEE Transactions on Information Theory, 1976, 22 (1): 1 –10.

[3] Ishwar P, Prabhakaran V M, Ramchandran K. Towards a theory for video coding using distributed compression principles [C]. Barcelona: IEEE International Conference on Image Processing, 2003: 687 –690.

[4] Esmaili G R, Cosman P. Correlation noise classification based on matching success for transform domain Wyner – Ziv video coding [C]. IEEE International Conference on Acoustics, Speech and Signal Processing, 2009: 801 –804.

[5] Westerlaken R, Borchert S, Gunnewiek R, et al. Dependency channel modeling for a LDPC – based wyner – ziv video compression scheme [C]. IEEE International Conference on Image Processing, 2006: 277 –280.

[6] Ascenso J, Brites C, Pereira F. Improving frame interpolation with spatial motion smoothing for pixel domain distributed video coding [C]. Smolenice: EURASIP Conference on Speech and Image Processing, Multimedia Communications and Services, 2005.

[7] Cagnazzo M, Maugey T, Pesquet – Popescu B. A differential motion estimation method for image interpolation in distributed video coding [C]. Taipei: IEEE International Conference on Acoustics, Speech and Signal Processing, 2009: 1861 –1864.

[8] Cagnazzo M, Miled W, Maugey T, et al. Image interpolation with edge – preserving differential motion refinement [C]. IEEE International Conference on Image Processing, 2009: 361 –364.

[9] Petrazzuoli G, Cagnazzo M, Pesquet – Popescu B. High order motion interpolation for side information improvement in DVC [C]. Dallas Texas: IEEE International Conference on Acoustics, Speech and Signal Processing, 2010: 2342 –2345.

[10] Ascenso J, Brites C, Pereira F. Motion compensated refinement for low complexity pixel based distributed video coding [C]. Como: IEEE International Conference on Advanced Video and Signal Based Surveillance, 2005.

[11] Varodayan D, Chen D, Flierl M, et al. Wyner – Ziv coding of video with unsupervised motion vector learning [J]. Signal Processing – Image Communication, 2008, 23 (5): 369 –378.

[12] Maugey T, Yaacoub C, Farah J, et al. Side information enhancement using an adaptive hash – based genetic algorithm in a Wyner – Ziv context [C]. 2010 IEEE International Workshop on Multimedia Signal Processing, 2010: 298 –302.

[13] Aaron A, Rane S, Girod B. Wyner – Ziv video coding with hash – based motion compensation at the receiver [C]. Singapore: IEEE International Conference on Image Processing, 2004: 3097 –3100.

[14] Deligiannis N, Jacobs M, Verbist F, et al. Efficient hash – driven Wyner – Ziv video coding for visual sensors [C]. IEEE International Conference on Distributed Smart Cameras, 2011: 1 –6.

[15] Puri R, Majumdar A, Ramchandran K. PRISM: a video coding paradigm with motion estima-

tion at the decoder [J]. IEEE Transactions on Image Processing, 2007, 16 (10): 2436 – 2448.

[16] Tseng I H, Ortega A. Motion estimation at the decoder using maximum likelihood techniques for distributed video coding [C]. Pacific Grove: Asilomar Conference on Signals. Systems and Computers, 2005: 756 – 760.

[17] Ascenso J, Brites C, Pereira F. A flexible side information generation framework for distributed video coding [J]. Multimedia Tools and Applications, 2010, 48 (3): 381 – 409.

[18] Yaacoub C, Farah J, Pesquet – Popescu B. A genetic algorithm for side information enhancement in distributed video coding [C]. Cairo: IEEE International Conference on Image Processing, 2009: 2933 – 2936.

[19] Greg Welch, Gary Bishop. An introduction to the Kalman Filter [EB/OL]. Chapel Hill: NC, 2006. http: //www. cs. unc. edu/ ~ welch/kalman/kalmanIntro. html.

[20] Kuo C M, Hsieh C H, Jou Y D, et al. Motion estimation for video compression using Kalman filtering [J]. IEEE Transactions on Broadcasting, 1996, 42 (2): 110 – 116.

[21] Yi Luo, Mehmet C. Motion estimation for video compression using Kalman filtering with adaptive adjustment [C]. The International Conference on Visual Information Engineering, 2008: 612 – 617.

[22] Joint Collaborative Team. Video Coding [EB/OL]. Geneva: JCT – VC, 2012. http: // phenix. int – evry. fr/jct/index. php.

[23] Natrio L, Brites C, Ascenso J, et al. Extrapolating Side Information for Low – Delay Pixel – Domain Distributed Video Coding [C]. Sardinia: The International Workshop on Very Low Bit rate Video Coding, 2005: 16 – 21.

[24] 史萍, 罗坤. 分布式视频编码中边信息的产生 [J]. 电视技术, 2010, 34 (11): 27 – 29.

[25] Aaron A, Rane S, Setton E, et al. Transform – domain Wyner – Ziv codec for video [C]. SPIE Conference on Visual Communications and Image Processing, 2004: 520 – 528.

第3章

虚拟相关信道建模

3.1 引　　言

分布式视频编码的理论基础 Slepian – Wolf 编码理论及 Wyner – Ziv 编码理论给出的分布式编码性能极限是建立在信源间统计特性是完全准确可知的基础上的。因此分布式编码的性能依赖于该统计相关的准确建模，WZ 帧与边信息之间可以看作一个具有某种噪声分布的虚拟信道，如图 3 – 1 所示，即边信息可以看作包含噪声的原始信息，一个通用的虚拟相关信道模型为

$$Y(i,j,k) = f(X_{\text{decoded}}(i,j,k+1), X_{\text{decoded}}(i,j,k-1), \cdots,$$
$$X_{\text{decoded}}(i,j,k-N)) = X(i,j,k) + N(i,j,k) \qquad (3-1)$$

式中：i，j 为系数空间坐标；k 为时域坐标；f 为使用前 N 个已经解码的视频帧和下一时刻解码的视频帧生成边信息的函数。如果要对虚拟相关信道进行准确的描述，就必须能够准确地描述 $N(i,j,k)$ 并估计其参数，这对于提高编码压缩效率进而准确进行码率控制十分重要。

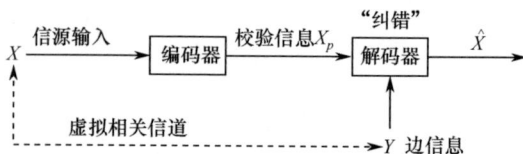

图 3 – 1　解码端具有辅助边信息的压缩编码原理

由于解码端无法获得原始帧信息，且不同序列的不同帧的边信息质量是不断变化的，所以这个任务非常复杂。当序列中存在剧烈运动时，WZ 帧和边信息帧的错误显著增加，相关噪声分布变得更难预测。在传统的视频编码中，高斯信道和拉普拉斯信道模型通常被用来描述其运动补偿后的 DCT 系数的分布特性。Aaron 等提出基于拉普拉斯分布的虚拟相关信道模型。文献 [7] 指出待编码的 Wyner–Ziv 帧数据与边信息数据的残差分布（残差帧）和高斯白噪声的概率密度函数相比，更接近于零均值拉普拉斯分布。此外，为了得到更精确的统计模型，文献 [8] 提出了广义高斯统计模型（Generalized Gaussian Model，GGM），文献 [9] 采用高斯混合模型（Gaussian Mixture Model，GMM）对相关噪声系数进行拟合，提出基于样本特征 EM（Expectation Maximum）算法来估计模型参数。然而，两种高斯统计模型都需计算多个模型参数，难以对输入视频序列进行准确分析，得到模型参数。文献 [10] 将柯西统计模型用于 DVC 的模型参数估计，该算法提高了变换域系数的预测精度。但柯西统计模型的均值和方差很难融合，导致它很难应用在率失真优化的视频编码中。由于拉普拉斯分布在模型精确性和复杂度之间能达到很好的平衡，因此在大多数分布式视频编码系统研究中，拉普拉斯分布被广泛用于建模相关噪声。

本章是讨论虚拟相关信道的建模问题。3.2 节介绍了两种虚拟信道模型：高斯信道和拉普拉斯信道；3.3 节详细介绍了拉普拉斯信道的参数计算方法；3.4 节给出本文所采用的变换域虚拟信道模型，并实验验证其信道参数估计方法；3.5 节对本章进行总结。

3.2　常见的信道模型

下面将分别介绍两种常见的信道模型：高斯信道模型和拉普拉斯信道模型。

3.2.1　高斯信道模型

高斯信道是最简单的信道，常指加权高斯白噪声（AWGN）信道。这种噪声假设为在整个信道带宽下功率谱密度（PDF）为常数，并且振幅符合高斯分布或者正态分布。在分布式视频编码中，假设边信息 Y 为 WZ 帧经过一个高斯信道后的输出，则其条件概率分布为

$$p(y(i,j) \mid wz(i,j)) = \frac{1}{\sqrt{2\pi\sigma^2}}\exp\left(-\frac{(y(i,j) - wz(i,j))^2}{2\sigma^2}\right)$$

$$(3-2)$$

式中：函数 p 为概率密度函数；(i,j) 为视频帧中位置为 i,j 的像素；σ^2 为视频序列 WZ 帧与相应的辅助边信息帧 Y 之间残差数据的方差，计算公式为

$$\sigma^2 = E[(WZ(x,y) - Y(x,y))^2] - (E[WZ(x,y) - Y(x,y)])^2$$

$$(3-3)$$

3.2.2　拉普拉斯信道模型

由于拉普拉斯分布在模型精确性和复杂度之间能达到很好的平衡，因此在后期的分布式视频编码系统研究中，拉普拉斯分布广泛用于建模相关噪声，其概率密度函数为

$$p[WZ(i,j,t) - Y(i,j,t)] = p(y(i,j,t) \mid wz(i,j,t))$$

$$= \frac{1}{\sqrt{2\sigma^2}}\exp\left(-\frac{\sqrt{2} \mid y(i,j,t) - wz(i,j,t) \mid}{\sigma}\right)$$

$$(3-4)$$

式中：p 为概率密度函数；(i, j, t) 为视频帧中第 t 帧位置为 i, j 的像素；σ^2 为视频序列 Wyner – Ziv 帧与相应的边信息帧 Y 之间残差数据的方差。令拉普拉斯分布参数 $\alpha = \sqrt{\dfrac{2}{\sigma^2}}$，则可将式（3 – 4）改写为

$$p(z) = \frac{\alpha}{2}\exp(-\alpha \mid z \mid) \qquad (3-5)$$

图 3 – 2（a）展示了 Foreman 序列第 2 帧的残差像素统计分布和帧级别的像素域相关噪声拟合曲线。图 3 – 2（b）描述了第 2 帧残差频带 AC 系数统计分布和对应的频带相关噪声拟合曲线。可以发现，相关噪声参数 α 是时空可变的，它反映了指数曲线偏离均值的衰减速度。α 值越大，则衰减越快，边信息 Y 帧的相应像素值越接近真实的

WZ 帧对应值。在 DVC 框架中，α 值可以在编码端或解码端进行估计。

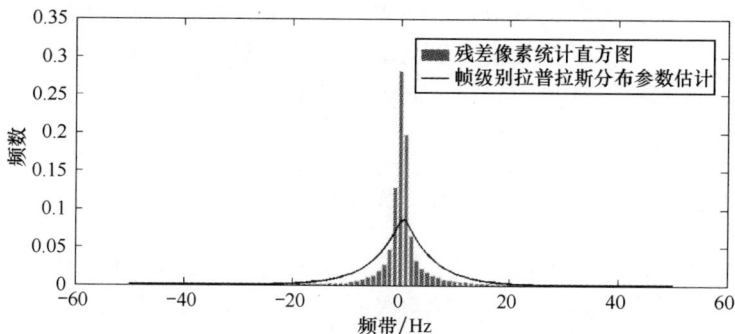

(a) Foreman序列第2帧的像素域相关噪声拟合曲线

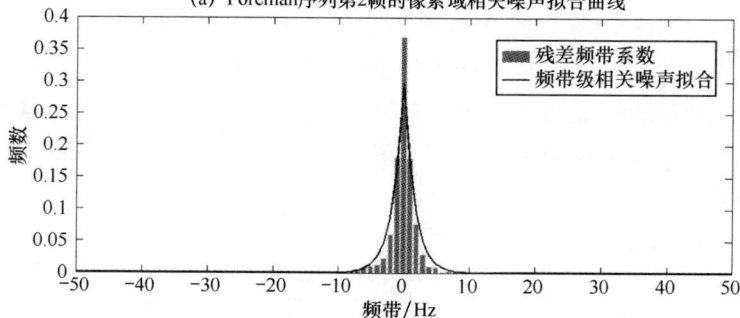

(b) Foreman序列第2帧的变换域相关噪声拟合曲线

图 3-2　Foreman 序列第 2 帧的相关噪声拟合曲线

3.3　拉普拉斯信道中参数的计算

3.3.1　像素域相关噪声参数估计

由式（3-5）可以发现不同的相关噪声模型参数 α 对应的分布曲线是不同的。针对像素域 DVC 方案，C. Brites、F. Pereira 等利用运动补偿后的最佳匹配块的残差估计分布参数，提出了一种符合实际应用的帧级别的解码端估计拉普拉斯分布参数的算法。在随后的研究中，他们利用残差置信度对相关噪声模型进行了详细的分析和比较，提出了序列级、帧级、块级以及像素级 4 种不同的粒度的拉普拉斯分布参数估计算法。根据 DVC 中相关噪声的产生原因，主要有两种参数估计方式：①离线相关噪声参数估计：在编码端使用源信息和估计的边信息；②在线相关噪声参数估计：在解码端不使用源信息估计，使用估计的源信息和边信息。下面将详细介绍上述两种相关噪声模型的拉普拉斯参数 α 计算方法。

3.3.1.1　在线相关噪声参数估计

在线相关噪声参数估计主要在解码端进行，根据不同的精度及复杂度要求，有帧级、块级、像素级的对拉普拉斯参数估计方案，下面分别介绍其算法。

1）帧级拉普拉斯参数估计

实际的相关噪声是描述源信息 X 与经过运动补偿后的估计值 Y 之间运动场的匹配情况。残差帧 R 则被用于描述前后帧运动场的匹配情况，在假定运动场是一致平滑的情况下，此处残差帧 R 可以用来代替实际的相关噪声。

（1）残差帧 R 可由下式计算：

$$R(i,j,t) = \frac{X_b(i + di_b, j + dj_b, t) - X_f(i - di_f, j - dj_f, t)}{2}$$

$$(3-6)$$

式中：X_f 和 X_b 分别为前向和后向运动补偿帧；(i, j, t) 为 t 时刻残差帧 R 中的像素位置；(di_f, dj_f) 和 (di_b, dj_b) 分别为 X_f 和 X_b 的运动矢量。

（2）计算残差帧 R 的方差，进而得到拉普拉斯参数的值，方差为

$$\sigma_R^2 = E[R(i,j,t)^2] - (E[R(i,j,t)])^2 \qquad (3-7)$$

式中：$E[\cdot]$ 为数学期望的计算公式；σ_R^2 用来衡量帧内插的好坏。理想情况下，其较接近原始 WZ 帧和边信息残差的方差，因此通过将 σ_R^2 代入 $\alpha = \sqrt{2/\sigma^2}$ 可以得到每一个 WZ 帧的帧级相关噪声参数 $\hat{\alpha}_R$。

2）块级拉普拉斯参数估计

帧级拉普拉斯参数计算主要考虑了视频信息的时域变化，而未考

虑空域上的变化。因此，若在空域上进一步细化相关噪声模型可以提升系统的编码性能。在边信息的内插过程中，由于场景改变、视频运动场强度不均匀等方面的影响导致同一帧图像其不同区域的虚拟信道模型不一样。为此，可以将拉普拉斯参数估计的精度扩展到块级。

（1）按照帧级拉普拉斯参数计算步骤计算残差帧 R 和 R 的方差 σ_R^2。

（2）计算残差帧 R 中第 k 个大小为 $m \times m$ 图像块的方差 $\hat{\sigma}_{R_k}^2$ 和对应的拉普拉斯参数：

$$\hat{\sigma}_{R_k}^2 = E[R_k(i,j,t)^2] - (E[R_k(i,j,t)])^2 \qquad (3-8)$$

由于在一个块中计算方差时，其值趋近于 0 的可能性较大，而当 $\hat{\sigma}_{R_k} \to 0$ 时，为了避免计算机处理时的数值溢出，需要对 α 值进行修正，即

$$\hat{\alpha}_{R_k} = \begin{cases} \hat{\alpha}_R & (\hat{\sigma}_{R_k}^2 \leqslant \hat{\sigma}_R^2) \\ \sqrt{\dfrac{2}{\hat{\sigma}_{R_k}^2}} & (\hat{\sigma}_{R_k}^2 > \hat{\sigma}_R^2) \end{cases} \qquad (3-9)$$

当块的方差较小或等于残差帧的方差时，表示当前块的残差分布与所在帧的残差分布类似，使用残差帧方差估计拉普拉斯参数即可；当块的方差大于残差帧的方差时，表示当前块的时域插值效果较差，该块所在区域可能是运动较为剧烈的区域，则由块方差来计算当前块对应的拉普拉斯参数值。尽管此时的数据并不能够准确的描述实际的残差分布，相比全局残差而言，该数据仍然体现了空域和时域的相关性。

3）像素级拉普拉斯参数估计

像素级的相关噪声参数估计可以实现更精细的估计拉普拉斯参数 α 的值，并使得其能更好的适应噪声的统计相关性特点，进而获得更好的率失真性能，但该算法同时也增加了计算复杂度。像素级别参数计算的前两步与块级别模型计算的前两步完全相同。其特殊计算步骤如下：

（1）计算第 t 帧中第 k 个块的均值与此帧均值的距离

$$D_{R_k} = (E[R_k(i,j,t)] - E[R(i,j,t)])^2 \qquad (3-10)$$

（2）为了能够尽量准确的接近实际的残差，此处拉普拉斯参数的

计算要根据块方差 $\hat{\sigma}_{R_k}^2$ 和 D_{R_k} 分别确定当前残差所处的区域并计算像素级拉普拉斯参数

$$\hat{\alpha}(i,j,t) = \begin{cases} \hat{\alpha}_R & (\hat{\sigma}_{R_k}^2 \leqslant \hat{\sigma}_R^2) & \text{情况一} \\ \hat{\alpha}_{R_k} & ((\hat{\sigma}_{R_k}^2 > \hat{\sigma}_R^2) \wedge (D_{R_k} \leqslant \hat{\sigma}_R^2)) & \text{情况二} \\ \hat{\alpha}_{R_k} & ((\hat{\sigma}_{R_k}^2 > \hat{\sigma}_R^2) \wedge (D_{R_k} > \hat{\sigma}_R^2) \wedge ([R(i,j,t)]^2 \leqslant \hat{\sigma}_{R_k}^2)) \\ & \text{情况三} \\ \sqrt{2/|R(i,j,t)|^2} & ((\hat{\sigma}_{R_k}^2 > \hat{\sigma}_R^2) \wedge (D_{R_k} > \hat{\sigma}_R^2) \wedge ([R(i,j,t)]^2 > \hat{\sigma}_{R_k}^2)) \\ & \text{情况四} \end{cases}$$

$$(3-11)$$

式中: $D_{R_k} > \hat{\sigma}_R^2$ 为码块残差均值偏离帧残差平均值; $[R(i,j,t)]^2 > \hat{\sigma}_{R_k}^2$ 为像素方差偏离码块方差; 第三种情况为当第一、二种情况都不满足, 但是残差像素的平方小于码块的方差时, 该残差值仍然较接近码块的平均值, 所以此时仍然采用块级别的系数。

拉普拉斯参数 α 的在线估计主要在解码端进行, 参数 α 不需要从编码端传输到解码端, 避免了传输开销及传输错误引起的问题, 同时避免了解码端运动估计和运动补偿引起的复杂性升高, 因而该参数方法在目前的 DVC 系统中较为常用。

3.3.1.2 离线相关噪声参数估计

离线相关噪声参数估计主要在编码端进行, 待编码的视频序列在编码之前完成对相关噪声参数 α 的估计。该算法应用于反馈信道不存在或时延要求比较严格的场景。与在线相关噪声参数估计类似, 根据不同的精度及复杂度要求, 离线相关噪声参数估计也可分为 GOP 级、帧级、块级、像素级的参数估计方案。值得注意的是在进行离线相关噪声估计时, 还必须考虑相关噪声模型所引入的计算复杂度。下面分别介绍其算法。

1) GOP 级离线相关噪声参数估计

(1) 计算 GOP 中所有 WZ 帧及其边信息帧的残差帧 R ($t = 1$, 2, 3, …, N):

$$R(i,j,t) = WZ(i,j,t) - SI(i,j,t) \qquad (3-12)$$

式中: (i,j) 为图像像素的位置坐标; t 为时域坐标, 表示序列帧索引号; N 为视频序列 GOP 中 Wyner – Ziv 帧的个数；WZ 为 Wyner – Ziv 帧；SI 为其为边信息帧。

（2）得到残差帧 R 后，计算平均序列方差 σ^2 并得到对应拉普拉斯参数值 α，即

$$\sigma^2 = \frac{1}{N}\left(\sum_{t=1}^{N}\frac{1}{W \times H}\sum_{i=1}^{W}\sum_{j=1}^{H}\left[R(i,j,t)\right]^2\right) -$$
$$\left(\frac{1}{N}\sum_{t=1}^{N}\frac{1}{W \times H}\sum_{i=1}^{W}\sum_{j=1}^{H}R(i,j,t)\right)^2 \qquad (3-13)$$

$$\alpha = \sqrt{\frac{2}{\sigma^2}} \qquad (3-14)$$

式中：W，H 分别为每个图像帧的宽度和高度值。得到的拉普拉斯参数 α 送到解码端辅助解码并在整个解码过程中保持不变。显然，GOP 级相关噪声参数估计是最粗的粒度估计级别。由于没有考虑视频帧中时域和空域相关性的变化情况，GOP 级参数估计方法并不够准确。

2）帧级离线相关噪声参数估计

（1）与 GOP 级中计算方法一样，利用式（3 – 10）可以得到残差帧 R。

（2）对每个残差帧 R 分别计算其方差，具体分别为

$$\sigma^2 = \left(\frac{1}{W \times H}\sum_{i=1}^{W}\sum_{j=1}^{H}\left[R(i,j,t)\right]^2\right) - \left(\frac{1}{W \times H}\sum_{i=1}^{W}\sum_{j=1}^{H}R(i,j,t)\right)^2$$
$$(3-15)$$

式中：W，H 分别为图像帧的高度值和宽度值。同理，由式（3 – 14）可得到对应的拉普拉斯参数 α。运动补偿内插生成的边信息的质量是随着时间的变化而变化的。为了充分考虑视频的时域特性，需考虑在帧级计算相关噪声参数 α 并将它送到解码端去解码对应的 WZ 帧。帧级离线相关噪声参数估计时，每个 WZ 帧需要计算出一个符合自己分布特性的 α 值。

3）块级离线相关噪声参数估计

这里，块的大小与边信息生成时进行运动估计的块大小相同，一般为 16×16 或者 8×8。

（1）同 GOP 级和帧级计算方法一样，利用式（3 – 12）可以得

到残差帧 R。

（2）由式（3-16）计算残差帧 R 中第 k 个图像块的方差，图像块的大小为 $m \times m$。

$$\sigma^2 = \left(\frac{1}{m \times m} \sum_{i=1}^{m} \sum_{j=1}^{m} [R(i,j,t)]^2 \right) - \left(\frac{1}{m \times m} \sum_{i=1}^{m} \sum_{j=1}^{m} R(i,j,t) \right)^2 \tag{3-16}$$

（3）计算块级拉普拉斯参数

$$\alpha = \begin{cases} \sqrt{2} & (\sigma^2 \leqslant 1) \\ \sqrt{\dfrac{2}{\sigma^2}} & (\sigma^2 > 1) \end{cases} \tag{3-17}$$

4）像素级

（1）对于某个 WZ 帧及其相应的边信息帧，利用式（3-12）可以得到残差帧 R。

（2）由式（3-18）直接得到每个像素对应的拉普拉斯参数值，即

$$\hat{\alpha}(i,j,t) = \begin{cases} \sqrt{2} & (R(i,j,t) \leqslant 1) \\ \sqrt{\dfrac{2}{R(i,j,t)^2}} & (R(i,j,t) > 1) \end{cases} \tag{3-18}$$

式中：(i, j) 为残差帧中某个像素的坐标位置，t 为序列帧索引号。

在编码端进行离线估计相关噪声 α 时，能够同时获得原始 WZ 帧及其边信息帧，因此能够获得比较高的准确度。但是它需要在编码端重新构造边信息，由于运动估计和运动补偿算法的复杂度，加大了编码器的复杂度。

3.3.2　变换域相关噪声参数估计

在基于变换域的 DVC 框架中，主要通过 DCT 或小波变换消除图像的空域冗余。考虑到实际的分布式视频编码大多采用 DCT，本章中讨论的均为 DCT 域的分布式视频编码。通过 DCT，需要知道变换域 Wyner-Ziv 帧和相应边信息的残差系数的分布关系。在像素域分布式视频编码框架基础上，文献［1］进一步提出了变换域上子带级别和系数级别的拉普拉斯参数估计方法。文献［15］发现残差变换后

DC 系数带统计分布相比零均值拉普拉斯分布存在偏差，提出了一种基于变换域的相关噪声分布模型及自适应参数估计算法，有效提高了编码效率。文献［16］提出利用交叉频带（Cross Band）信息估计 DCT 域分布式视频系统的相关模型参数，实验表明该算法能有效改善率失真性能。变换域上测噪声参数估计也分为在线和离线相关噪声估计，由于本章的模型主要用于无反馈的 DVC 系统中，所以本章主要分析离线的变换域相关噪声参数估计方法。

3.3.2.1 分级的 DCT 域相关噪声参数估计

DCT 域分布式视频编码中，在变换后对每个变换后的 DCT 系数进行采样形成子带，然后对子带进行量化编码。因此在解码时信道解码器需要每个子带的拉普拉斯系数或者每个变换系数对应的拉普拉斯分布参数。由于系数级别的拉普拉斯参数估计也包括了子带级别的拉普拉斯参数估计过程，下面主要介绍系数级在线相关噪声参数估计方法。

具体计算方法如下：

（1）在 3.3.1.1 节的方法基础上，对生成的残差帧中每个宏块做 DCT。定义 $F = T(u, v) = \mathrm{DCT}(R(i, j, t)) = CrC^{\mathrm{T}}$。其中：$F$ 为变换后的频域系数矩阵，C 为变换系数矩阵，r 为 WZ 帧与边信息帧残差系数矩阵。由于与变换矩阵 C 相乘是线性变换，所以频域系数矩阵 F 中每个位置的系数在统计意义上也符合拉普拉斯分布的规律。

（2）对变换后的系数求绝对值，然后对不同的子带 $|T_b|$ 计算其方差 $\sigma_{b,t}^2$。这里用 $\sigma_{b,t}^2$ 表示第 t 帧频带 b 的方差，即

$$\sigma_{b,t}^2 = E[|T_b|^2 - (E(|T_b|))^2] \qquad (3-19)$$

（3）计算式（3-14）可以得到每个子带的拉普拉斯参数 $\alpha_{b,t}$。

（4）为了提高系数级相关噪声模型参数估计精度，采用变换系数与子带均值的距离 $D_b(u,v)$ 判断单个残差变换系数与实际的系数残差的准确度。文献［1］将频域系数进一步分为内层系数和外层系数。内层系数接近相应 DCT 频带的系数均值 $\hat{\mu}_b$，其采用该子带的拉普拉斯参数 $\hat{\alpha}_{b,t}$ 作为估计参数。外层系数值与频带系数的均值相差较

大，则对其拉普拉斯参数 $\widehat{\alpha}_{b,t}$ 进行修正，即

$$\widehat{\alpha}_{b,t} = \begin{cases} \alpha_{b,t} & ([D_b(u,v)]^2 \leqslant \sigma_{b,t}^2) \\ \sqrt{\dfrac{2}{[D_b(u,v)]^2}} & ([D_b(u,v)]^2 > \sigma_{b,t}^2) \end{cases} \qquad (3-20)$$

$$D_b(u,v) = |T|_b(u,v) - \hat{\mu}_b \qquad (3-21)$$

距离 $|D_b(u,v)|^2$ 要大于子带方差表示运动补偿内插的效果较好，反之，说明此时由内插所产生的边信息并不准确，此时并不适合再使用子带方差计算拉普拉斯系数，而用 $|D_b(u,v)|^2$ 作为替代。

考虑到视频内容对相关噪声的参数影响，本章主要统计每帧的变换域残差系数。以在线相关噪声参数估计为例，图 3-3 给出了 Foreman 序列第 32 帧残差系数频带分布图和 DCT 域下系数级相关噪声曲线的拟合效果。可以发现系数频带中 DC 系数的均值不为零，方差较大，与系数级参数估计算法拟合出来的拉普拉斯曲线存在较大的差距。AC 系数中各个低频子带方差稍小，但部分分布与拟合出来的零均值的分布存在一定差距。说明可以通过改善直流系数和频带级相关噪声参数估计进一步提高总体的残差拟合效果及精确度。

3.3.2.2　提出的离线相关噪声模型

本节提出离线相关噪声参数估计算法主要包含三个子步骤：①基于运动补偿内插的边信息生成；②基于像素域估值辅助的子带相关噪声参数修正；③基于噪声残差分类的相关噪声参数估计和 DC 系数纠正。

1）基于运动补偿内插的边信息生成

本节采用的边信息生成方法主要采用基于运动补偿的帧内插技术。图 3-4 描述了常用的双向运动估计方法。对于 t 帧中的块，首先从 $t-1$ 帧中找到它的最佳匹配块和 $t-1$ 到 t 帧的前向运动矢量 $\boldsymbol{MV}_F(\mathrm{d}f_i, \mathrm{d}f_j)$，再利用返回向预测得到它从 $t+1$ 到 t 帧的反向运动矢量 $\boldsymbol{MV}_B(\mathrm{d}b_i, \mathrm{d}b_j)$。在候选运动补偿块集（前向补偿块、后向补偿块或者二者均值）中选择 t 帧块的预测值。双向运动估计方法与单纯的前向预测相比，可以进一步降低预测误差，从而提高数据压缩比。这里定义 F_t 表示当前帧，F_{t-1} 为前一帧，F_{t+1} 为后一帧（t 为帧索引

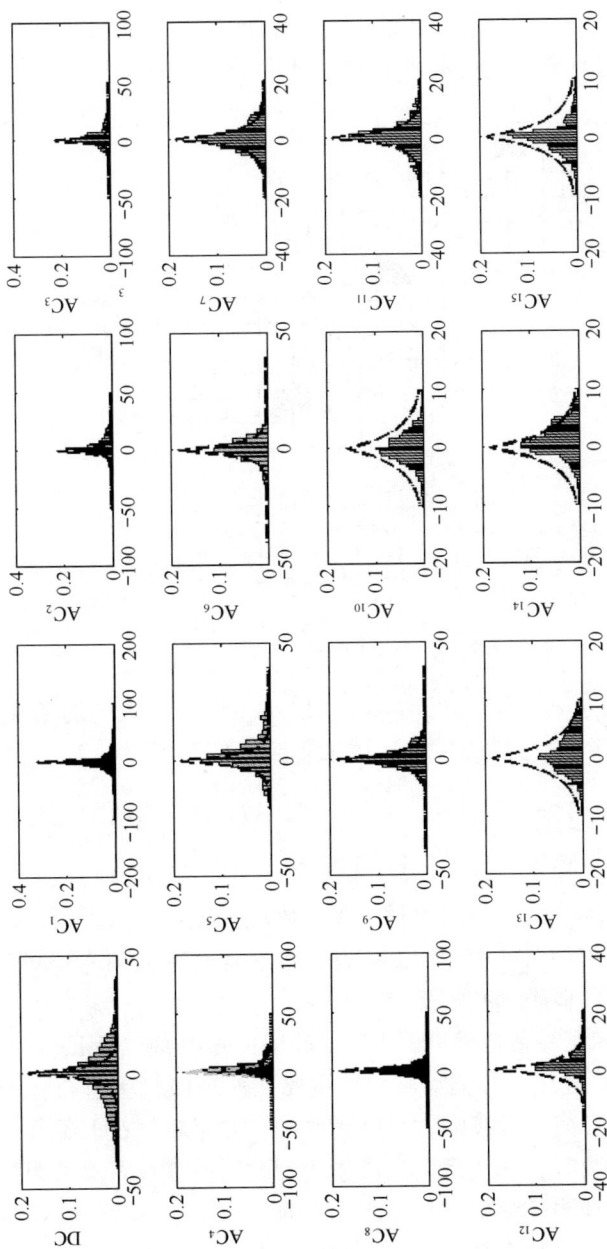

图3-3 Foreman序列第32帧残差系数频带分布图

号）；采用上述方法得到最佳运动矢量为 $mv = (d_i, d_j)$，d_i 和 d_j 分别表示运动矢量的水平分量和垂直分量；由式（3-22）和式（3-23）可计算得到前向内插帧 X_f 和后向内插帧 X_b。

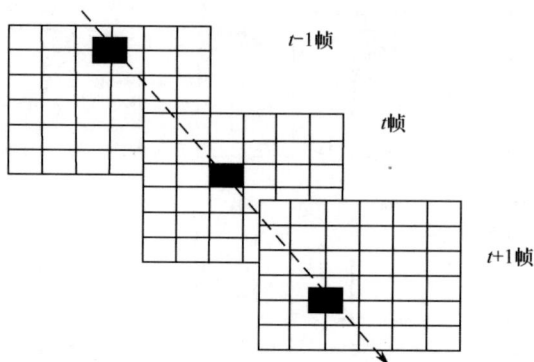

图 3-4 双向运动估计示例

$$X_f(i,j) = F_{t-1}\left(i + \frac{df_i}{2}, j + \frac{df_j}{2}\right) \qquad (3-22)$$

$$X_b(i,j) = F_{t+1}\left(i - \frac{db_i}{2}, j - \frac{db_j}{2}\right) \qquad (3-23)$$

式中：$(db_i, db_j) = -(df_i, df_j) = (d_i, d_j)/2$，$i$，$j$ 为块内的像素位置。

X_f 和 X_b 中通过式（3-23）内插得到边信息 Y：

$$Y(i,j) = \frac{X_b(i,j) + X_f(i,j)}{2} = X(i,j) + N(i,j) \qquad (3-24)$$

式中：N 为相关噪声。由式（3-23）可看出，如果前后运动补偿帧相差越大，所生成的边信息质量越差，则相关噪声越大。反之，边信息质量越好，则相关噪声越小。因此，前后运动补偿帧之差间接地反映了相关噪声的概率分布情况。

2）基于像素域估值辅助的 DC 子带相关噪声参数修正

文献［1］提出的相关噪声估计主要在两个级别上进行：子带级别和系数级别。离线计算时，级别越精细，效果越好；但是如果利用残差帧估计参数时，从块级别到像素级别的增益就没有那么明显。在子带级别中，在同一帧中同一个子带的所有系数都有着相同的分布，而在系数级别中，每个系数都有自己的分布。同像素域相关噪声估计类似，越细粒度的模型估计，统计可靠度越差。特别要说明的是，由于系数级别上噪声方差的估计仅仅依赖于残差帧变换后所对应的系数值。从而导致了当从块级别转到系数级别时，相关噪声估计只有很小的增益。此外，由图 3 - 3 和图 3 - 5 中可以发现，DC 系数的均值不为零，方差较大，与系数级参数估计算法拟合出来的拉普拉斯曲线存在较大的差距，需要对其进行修正。

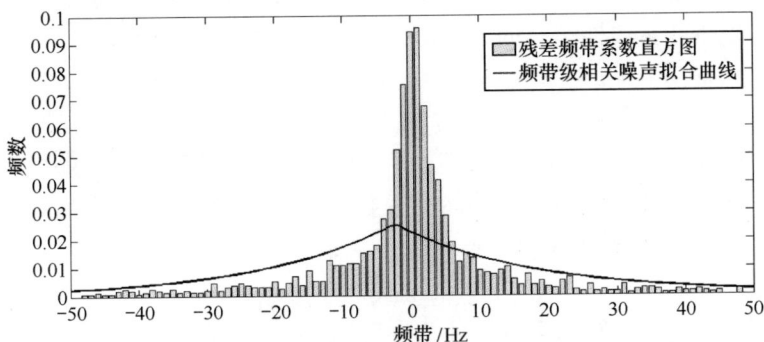

图 3 - 5　Foreman 序列第 2 帧的相关噪声 DC 系数分布

针对上述问题，采用像素域中的估计值来修正变换域中 DC 子带系数估计参数。其具体算法原理分析如下：

（1）计算用来估计像素域相关噪声特性的拉普拉斯分布的方差 $\hat{\sigma}_{R_k}$。

（2）计算两个相邻的像素位置 (i, j) 和 (k, l) 的相关噪声的协方差，即

$$\mathrm{Cov}(N(i,j), N(k,l)) = \int_{\mathscr{R}} \int_{\mathscr{R}} xy P(N(i,j) = x, N(k,l) = y) \mathrm{d}x \mathrm{d}y$$

$$= \int_{\mathscr{R}} y P(N(k,l) = y) \int_{\mathscr{R}} x P(N(i,j) = x \mid N(k,l) = y) \mathrm{d}x \mathrm{d}y$$

$$= \int_{\mathscr{R}} y P(N(k,l) = y) E[N(i,j) \mid N(k,l) = y] \mathrm{d}y \qquad (3-25)$$

式中：$E[N(i, j) \mid N(k, l) = y]$ 为已知邻域位置 (k, l) 相关噪声情况下，位置为 (i, j) 的相关噪声的期望。通过离线分析，文献 [17] 指出这个期望值虽然依赖于内容，但是平均而言，这个式子可以很好地近似为

$$E[N(i,j) \mid N(k,l)] = \frac{y}{2^{|i-k|+|y-l|}} \qquad (3-26)$$

由式（3-25）和式（3-26）联立，可得

$$\mathrm{Cov}(N(i,j),N(k,l)) = \int_{\mathscr{R}} \frac{y^2 P(N(k,l)=y)}{2^{|i-k|+|y-l|}} \mathrm{d}y = \frac{\sigma^2_{N(k,l)}}{2^{|i-k|+|y-l|}}$$

$$\qquad (3-27)$$

（3）基于像素域估值辅助的 DC 子带相关噪声参数修正。

随机变量线性组合的方差可以由式（3-27）分解计算。

$$\mathrm{Var}(aX+bY) = a^2\mathrm{Var}(X) + b^2\mathrm{Var}(Y) + 2ab\mathrm{Cov}(X,Y)$$

$$\qquad (3-28)$$

由式（3-27）和式（3-28），就可以利用像素域中残差帧中块级的方差值来计算 DCT 域直流系数的噪声方差。残差块通过 4 × 4DCT 后的 DC 系数噪声方差可以计算如下：

$$N_{\mathrm{DC}} = \frac{1}{4} \sum_{i,j=0,\cdots,3} N(i,j) \qquad (3-29)$$

$$\sigma^2_{\mathrm{DC}} = \frac{1}{16}\Big(\sum_{i,j=0,\cdots,3} \sigma^2_{N(i,j)} + \sum_{(i,j)\neq(k,l)} \mathrm{Cov}(N(i,j),N(k,l)) \Big)$$

$$= \frac{1}{16}\Big(\sum_{i,j=0,\cdots,3} \sigma^2_{N(i,j)} + \sum_{(i,j)\neq(k,l)} \frac{\sigma^2_{N(k,l)}}{2^{|i-k|+|y-l|}} \Big) \qquad (3-30)$$

由于每个 DCT 块都属于一个运动块，所以可以认为其像素域上每个点的噪声方差是一样的。因此，可以将所有子项相加得到 DC 系数的方差，即

$$\sigma^2_{\mathrm{DC}} = \frac{1089}{256} \hat{\sigma}^2_{R_k} \qquad (3-31)$$

3）基于残差能量分类的相关噪声参数估计和 DC 系数纠正

为了更精确的拟合不同频带的相关噪声，在前两个模块的基础上本节提出了一种基于残差能量分类的相关噪声模型。基于给定块的残差能量来估计 WZ 帧和边信息之间的相关性。通过训练和离线分类，根据变换块的残差能量判断不同块的不同的内插效果，并给出了相应的相关噪声系数。

步骤一：考虑到本文主要在编码端进行相关噪声估计，则由式（3-12)计算残差帧 R。若系统在解码端进行相关噪声估计，则采

用式（3 - 6）。

步骤二：计算一帧内每个块的残差能量和方差估值 $\hat{\sigma}_{R_k}^2$，前向内插帧 X_f 和后向内插帧 X_b 之间的残差能量计算如下：

$$E = \frac{1}{M \times N} \sum_{i=1}^{M} \sum_{j=1}^{N} \left[X_b(i,j) - X_f(i,j) \right]^2 \qquad (3 - 32)$$

式中：M，N 为块的大小（实验中设置 $M = 8$，$N = 8$）。

步骤三：选择标准序列中所有 WZ 帧作为样本，计算其每个块的残差能量，并组成以一个残差能量集合 S_R。通过 $m-1$ 个阈值 Th_i（$i \in \{1, 2, \cdots, m-1\}$），将集合 S_R 中的元素分成 m 个不同的类。当 $\mathrm{Th}_i < r < \mathrm{Th}_{i+1}$ 时（其中 $r \in S_R$），则把 r 对应的块归为类 i。为了保证统计学上的可靠分类，阈值的设定需要使得每个类中的元素数量基本一样。

步骤四：分类完成以后，对每个块进行 DCT，得到若干个子带，对 DC 系数采用上一节提出的修正算法进行修正。所有属于 i 类的块，它们的子带 j 的系数，构成一个子集合 $v_{i,j}$。集合 $v_{i,j}$ 对应的 α 参数为 $\sigma_{i,j}$ 是 $v_{i,j}$ 集合中元素方差的平方根。

步骤五：离线计算所有类的所有子带的 α 参数后，构建拉普拉斯参数表如表 3 - 1 所列。每个 4×4 的块分成了 16 个 DCT 频带，每个频带按不同阈值 T_i（$i \in \{1 \cdots 8\}$）将残差能量分成 8 类。表 3 - 1 中 $f_{i,j}$ 代表频带的位置。

表 3 - 1　基于样本残差能量分类的拉普拉斯参数查找表

类别	$f_{1,1}$	$f_{1,2}$	$f_{1,3}$	$f_{1,4}$	$f_{2,1}$	$f_{2,2}$	$f_{2,3}$	$f_{2,4}$	$f_{3,1}$	$f_{3,2}$	$f_{3,3}$	$f_{3,4}$	$f_{4,1}$	$f_{4,2}$	$f_{4,3}$	$f_{4,4}$
1	1.19	1.28	1.53	1.82	1.28	1.85	2.01	2.2	1.71	2.16	2.23	2.61	2.07	2.6	2.71	3.06
2	1.06	1.13	1.14	1.13	1.04	1.36	1.38	1.58	1.23	1.55	1.71	2.07	1.62	1.89	2.08	2.35
3	0.85	0.98	0.99	1.1	0.89	1.05	1.06	1.22	0.97	1.13	1.25	1.47	1.15	1.43	1.58	1.88
4	0.64	0.89	0.9	0.92	0.65	0.87	0.88	1.01	0.71	0.88	0.96	1.17	0.86	1.06	1.22	1.52
5	0.37	0.55	0.58	0.61	0.43	0.61	0.62	0.67	0.46	0.57	0.64	0.76	0.55	0.68	0.78	0.94
6	0.24	0.37	0.42	0.45	0.32	0.44	0.47	0.54	0.38	0.45	0.47	0.56	0.43	0.53	0.55	0.67
7	0.18	0.28	0.32	0.38	0.25	0.33	0.37	0.43	0.31	0.33	0.38	0.45	0.37	0.4	0.45	0.52
8	0.11	0.16	0.19	0.25	0.16	0.18	0.22	0.27	0.19	0.22	0.23	0.29	0.25	0.27	0.3	0.35

编码端编码时，首先用残差能量来评估运动补偿内插的匹配成功率。然后比对阈值，确定块属于类中的哪一类。一旦确定块所属的

类，就从拉普拉斯参数查找表中取得每个频带系数；编码参数随码流一起传到解码端进行解码。

图 3 - 6 给出了 Forman 序列第 2 帧变换后 DC 系数分布和相应的拉普拉斯拟合曲线。由图 3 - 6（a）部分可以看到经过 DC 子带相关噪声参数修正后的曲线拟合程度要比未经修正的曲线拟合效果好的多。在图 3 - 6（b）中可以发现提出的算法在各个 AC 子带上与噪声残差分布基本接近。

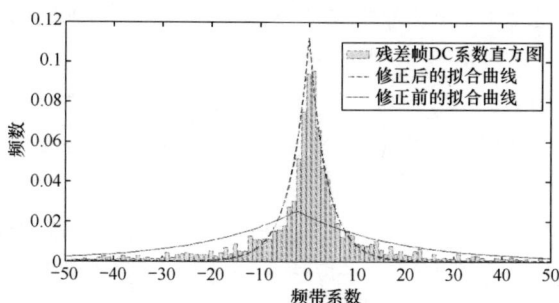
(a) DC系数曲线拟合效果对比

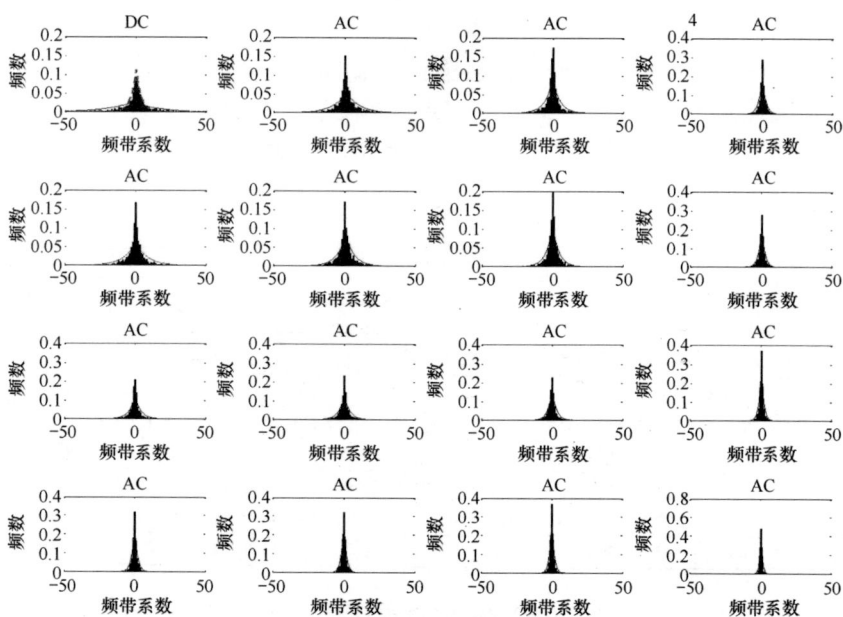
(b) 频带系数曲线拟合效果图

图 3 - 6　Foreman 第 2 帧频带系数曲线拟合效果图

3.4　实验设计与结果分析

　　本节使用美国斯坦福大学提供的仿真平台来得到相关噪声数据对提出的算法性能进行验证分析。图 3 - 7 给出了 Foreman、Coastguard、Carphone 和 Hall 序列变换域下总体的相关噪声分布和采用了改进算法后的算法在低、中频带系数拟合效果。以上序列均为 QCIF 格式，以 15Hz 帧率进行编码。其中 DC 系数中虚线的拟合曲线为修正后的曲线，实线为未经修正后的曲线。可以看出，大部分频带系数都能达到较好的拟合效果，除均值附近的几个尖锐点外，本章提出的模型与

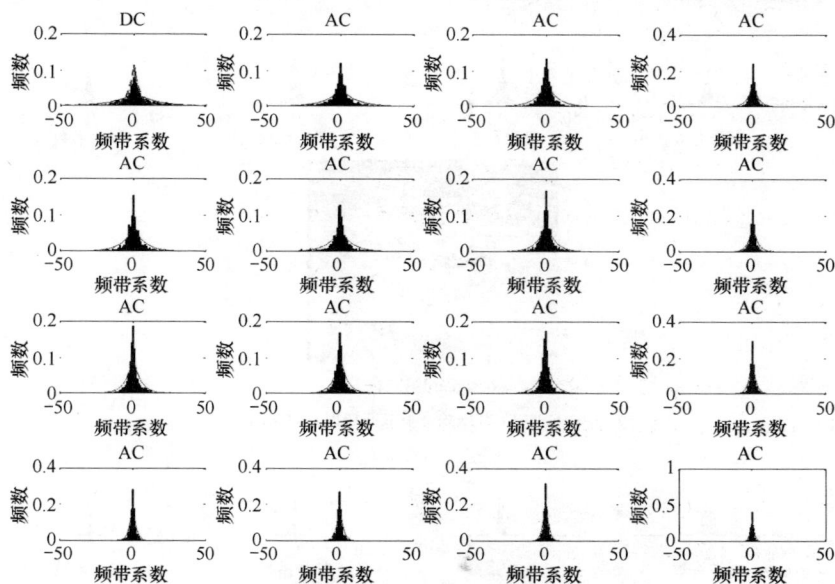

Foreman第62帧
(a) Foreman第62帧频带系数曲线拟合效果图

DC
频数 0.1 0.05 0
−50 0 50
频带系数

AC
频数 0.1 0.05 0
−50 0 50
频带系数

AC
频数 0.1 0.05 0
−50 0 50
频带系数

AC
频数 0.2 0.1 0
−50 0 50
频带系数

AC
频数 0.2 0.1 0
−50 0 50
频带系数

AC
频数 0.1 0.05 0
−50 0 50
频带系数

AC
频数 0.1 0.05 0
−50 0 50
频带系数

AC
频数 0.2 0.1 0
−50 0 50
频带系数

AC
频数 0.2 0.1 0
−50 0 50
频带系数

AC
频数 0.2 0.1 0
−50 0 50
频带系数

AC
频数 0.2 0.1 0
−50 0 50
频带系数

AC
频数 0.2 0.1 0
−50 0 50
频带系数

AC
频数 0.4 0.2 0
−50 0 50
频带系数

AC
频数 0.2 0.1 0
−50 0 50
频带系数

AC
频数 0.2 0.1 0
−50 0 50
频带系数

AC
频数 0.4 0.2 0
−50 0 50
频带系数

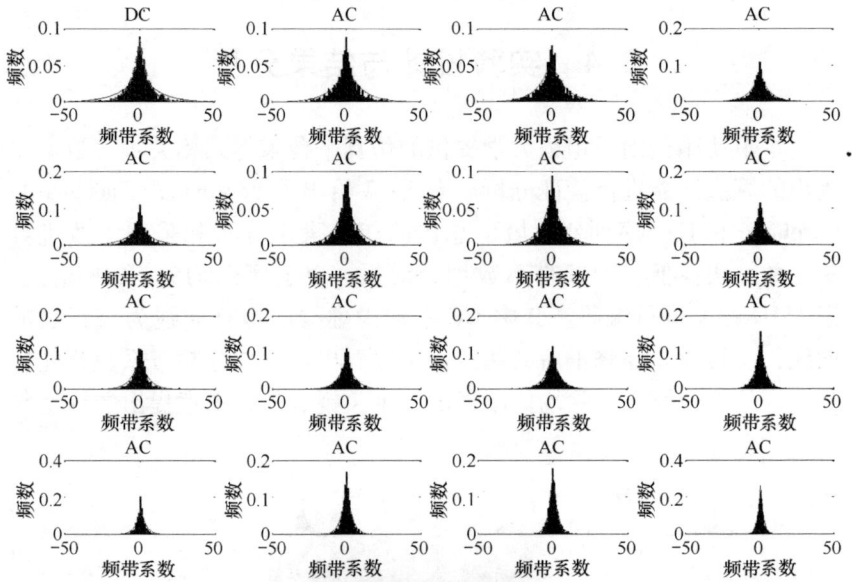

Coastguard第32帧

(b) Coastguard第32帧频带系数曲线拟合效果图

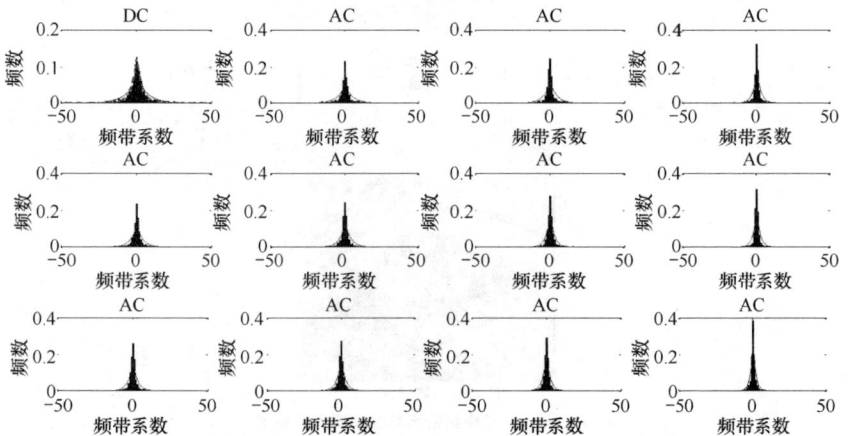

DC
频数 0.2 0.1 0
−50 0 50
频带系数

AC
频数 0.4 0.2 0
−50 0 50
频带系数

AC
频数 0.4 0.2 0
−50 0 50
频带系数

AC
频数 0.4 0.2 0
−50 0 50
频带系数

AC
频数 0.4 0.2 0
−50 0 50
频带系数

AC
频数 0.4 0.2 0
−50 0 50
频带系数

AC
频数 0.4 0.2 0
−50 0 50
频带系数

AC
频数 0.4 0.2 0
−50 0 50
频带系数

AC
频数 0.4 0.2 0
−50 0 50
频带系数

AC
频数 0.4 0.2 0
−50 0 50
频带系数

AC
频数 0.4 0.2 0
−50 0 50
频带系数

AC
频数 0.4 0.2 0
−50 0 50
频带系数

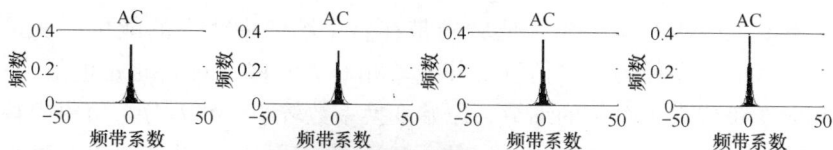

(c) Carphone第112帧频带系数曲线拟合效果图

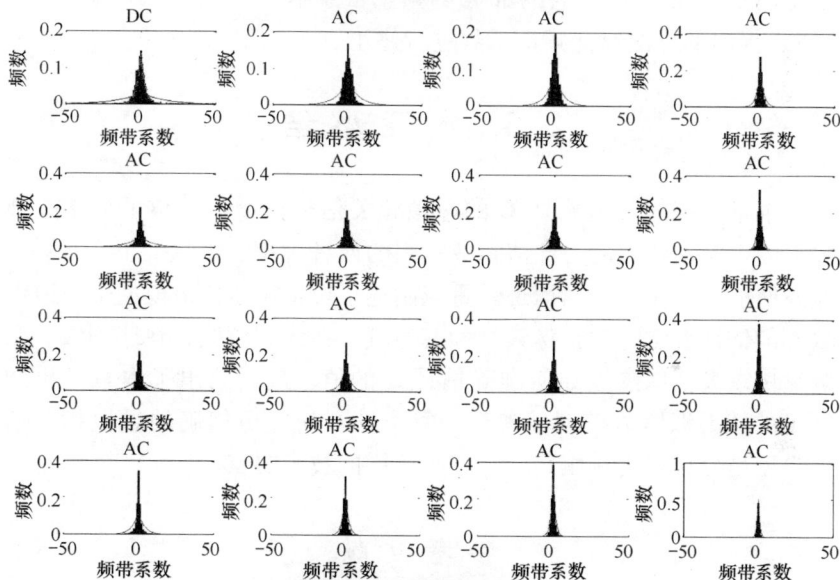

Hall第28帧
(d) Hall第28帧频带系数曲线拟合效果图

图 3-7 提出的算法的频带系数曲线拟合效果

系数真实分布基本一致。低频子带在整个图像中所占的能量比例最高，代表了图像的主要信息，其残差相对大一些，对应的 α 值最小；高频子带代表了图像的细节，原始变换系数较小，残差分布值集中在 0 附近，对应的 α 值也稍大一些。Coastguard 序列相对其他 3 个序列来说，运动较为剧烈一些，因此相同位置子带的信道参数值 α 比 Foreman 序列小，估计结果与理论分析比较一致。由于采用了残差能量分类拟合的方法，可以发现对于运动速度较快的 Coastguard 第 32 帧和 Carphone 第 112 帧，也能达到较好的频带拟合效果。但由于本算法目前只对直流系数进行修正，所以对部分低频系数的拟合时，会出现偏差（如 Hall 序列的部分低频子带系数），但这可以通过文献[15]提出的算法对低频带系数进行修正。

3.5　本章小结

　　本章系统的研究了 DVC 的虚拟相关信道模型。介绍了分布式视频编码中 WZ 帧与边信息帧间最常用的两种虚拟"相关信道"模型，即高斯信道和拉普拉斯信道。重点阐述了拉普拉斯信道模型中信道参数 α 的估计方法，包括像素域和变换域，在线和离线，在序列级、帧级、块级甚至像素级如何准确估计 α 的值。最后给出了本章提出的 DCT 的域虚拟信道模型及参数计算方法。研究更精确的虚拟相关信道模型是分布式视频编码的一个很关键的技术要点。

参 考 文 献

[1] Brites C, Pereira F. Correlation Noise Modeling for Efficient Pixel and Transform Domain Wyner – Ziv Video Coding [J]. IEEE Transactions on Circuits and Systems for Video Technology, 2008: 1177 – 1190.

[2] Ishwar P, Prabhakaran V M, Ramchandan K. Towards a theory for video coding using distributed compression principles [C]. International Conference on Image Processing, 2003: 687 – 690.

[3] Weerakkody W A R J, Fernando W A C, Adikari A B B, et al. 4 – PSK TTCM for Wyner – Ziv frame coding in DVC [J]. IEICE Electronics Express, 2006, 3 (8): 178 – 183.

[4] Lam E. Y, Goodman J W. A Mathematical Analysis of the DCT Coefficient Distributions for

Images [J]. IEEE Transactions on Image Processing, 2000, 9 (10): 1661 – 1666.

[5] Aaron A, Setton E, Girod B. Towards practical Wyner – Ziv coding of video [C]. Barcelona: IEEE International Conference on Image Processing, 2003: 869 – 872.

[6] Horowitz M, Joch A, Kossentini F, et al. H. 264/AVC baseline profile decoder complexity analysis [J]. IEEE Transactions on Circuits and Systems for Video Technology, 2003, 13 (7): 704 – 716.

[7] Aaron A, Zhang R, Girod B. Wyner – Ziv coding of motion video [C]. Conference Record of the Asilomar Conference on Signals, Systems and Computers, 2002: 240 – 244.

[8] Varanasi M K, Aazhang B. Parametric generalized Gaussian density estimation [J]. Journal of the Acoustical Society of America, 1989, 86 (4): 1404 – 1415.

[9] 尹明, 蔡述庭, 谢云分, 等. 基于高斯混合模型的 Wyner – Ziv 视频编码 [J]. 计算机学报, 2012, 35 (1): 173 – 181.

[10] Skorupa J, Slowack J, Mys S, et al. Exploiting quantization and spatial correlation in virtual – noise modeling for distributed video coding [J]. Signal Processing Image Communication, 2010, 25 (9): 674 – 686.

[11] Aaron A, Zhang R, Girod B. Wyner – Ziv coding of motion video [C]. Pacific Grove: Asilomar Conference on Signals, Systems and Computers, Pacific Grove, 2002: 240 – 244.

[12] Esmaili G, Cosman P. Wyner – Ziv video coding with classified correlation noise estimation and key frame coding mode selection [J]. IEEE Transactions on Image Processing, 2011, 20 (9): 2463 – 2474.

[13] Park S U, Lee Y Y, Choi J W, et al. Multiple channel division for efficient distributed video coding [C]. 2009 16th IEEE International Conference on Image Processing, 2009: 128 – 132.

[14] Brites C, Ascenso J, Pereira F. Modeling correlation noise statistics at decoder for pixel based Wyner – Ziv video coding [C]. Beijing: The 25th Picture Coding Symposium, 2006: 1 – 6.

[15] 王风琴, 樊养余, 赵炯, 等. 基于变换域 Wyner – Ziv 视频编码的相关噪声模型 [J]. 数据采集与处理, 2009, 24 (5): 609 – 614.

[16] Huang X, Forchhammer S. Improved virtual channel noise model for transform domain Wyner – Ziv video coding [C]. Taibei: International Conference on Acoustics, Speech, and Signal Processing, 2009: 921 – 924.

[17] Skorupa J, Slowack J, Mys S, et al. Accurate correlation modeling for transform – domain Wyner – Ziv coding [C]. Proceedings of Pacific – Rim Conference on Multimedia, 2008: 1 – 4.

第4章

基于小波域的分布式视频编码

4.1 引　言

在 DVC 系统的研究领域中，现在广泛研究的两种方案分别是基于像素域编码和基于变换域编码，其区别在于对 WZ 帧的预处理和后处理上。基于变换域编码的系统相对于基于像素域编码的系统需要对视频图像进行 DCT 或 DWT 及 IDCT 或 IDWT。变换域编码器能利用视频图像的空间统计相关性，进一步去除图像的空间冗余，因此其率失真性能优于基于像素域的编码器，但编码复杂度有所增加。此外，由于小波变换具有时 - 频局部分析以及多分辨率分解特性，在频率和空间上都集中了变换系数的能量。而对于视频图像，DCT 是分块处理的，从而形成了特有的"方块效应"，DWT 可以克服 DCT 带来的块效应，因此近年来小波域的 DVC 系统也引起了诸多人的研究。

文献［1］提出了一种小波域的 PRISM 方案，由于提高了帧内编码的效率，提出的基于 Syndrome 编码器的小波域 DVC 方案性能明显优于基于 DCT 的 PRISM 架构的性能。文献［2］提出的 DVC 方案中采用一对格型矢量量化器去除小波系数间的相关性，同时将运动补偿精化的概念从像素域扩展到小波域，提出了一种新的矢量重建的搜索策略。文献［3］提出了一种基于零树小波熵编码的 DVC 方案，为了区分重要系数和非重要系数，小波系数经过标量量化后，以零树结构重组。仅有重要系数通过 Turbo 编码器编码，并将校验信息位传输至解码端。文献［4］提出了一种基于等级树分集算法（Set Partitioning In Hierarchical Trees，SPIHT）的 DVC 方案，SPIHT 算法充分利用了视频序列的时间和空间相关性，提高了系统性能。为了提高边信息的质量，文献［5］充分挖掘小波分解的多分辨率特性，在解码端进行运动估计精化。文献［6］提出一种混合的无反馈信道的小波域 DVC 方案。而文献［7］提出了一种基于信源分类的小波域 DVC 系统。文中详细阐述了信源分类增益和信源分类策略，并仿真分析了信源分类对系统的率失真性能有比较重要的影响。

本章提出的小波域的 DVC 实现方案是在文献［8］提出的分布式视频编码基础上的改进。4.2 节简单介绍了几种典型的小波域 DVC 系统框架，4.3 节详细介绍了本章提出的小波域的改进方案以及主要模块；4.4 节是仿真结果和分析；4.5 节是本章的工作总结。

4.2　小波域的分布式视频编码

本节介绍几种典型的小波域的 DVC 系统。

4.2.1　小波域的 PRISM 编码

小波域的 PRISM 方案，无反馈信道存在，如图 4－1 所示。具体编解码实现如下：

编码端，首先对视频帧进行 3 级的 DWT，产生的 DWT 系数被分割成 8×8 宏块。基于均方误差准则，对宏块进行分类——SKIP、INTRA 和 INTER。预先设定门限决定宏块的编码模式，每个宏块的编码模式以比特流形式传给解码器。对于 SKIP 块，小波系数没有编码。另一方面，对于 INTRA 块，宏块的所有系数使用嵌入式帧内编码器进行编码。对于 INTER 块，宏块的系数分成 INTER 系数和 INTRA 系数。INTER 宏块决定着系统的均匀量化所使用的步长。在 PRISM 系统中，这些步长由离线训练程序来决定，选择与"相关噪声"匹配的步长。其中，步长是依照"反向注水"准则选定的。量化后，16个 INTER 系数的码字进行模 4 运算。16 位 Syndrome 码通过模 4 码字和交织码的奇偶校验矩阵卷积产生。最后，量化重建后的系数与原始INTER 系数相减，产生的残差系数传给嵌入式帧内编码器进行编码。

然而，并不是每帧中所有系数都用帧内编码器处理。因此，编码端使用一个 SA（Shape – Adaptive）帧内编码器。编码器设计成对任意形状"对象"内的系数进行编码，而忽略不属于该对象的区域。

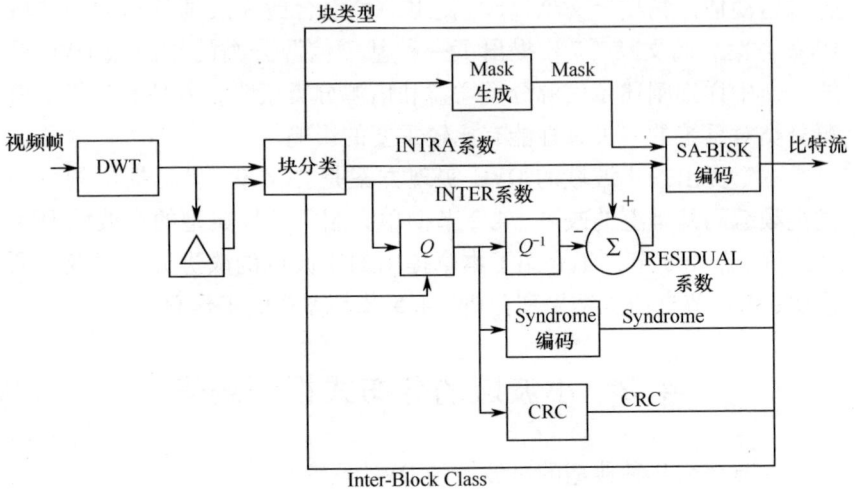

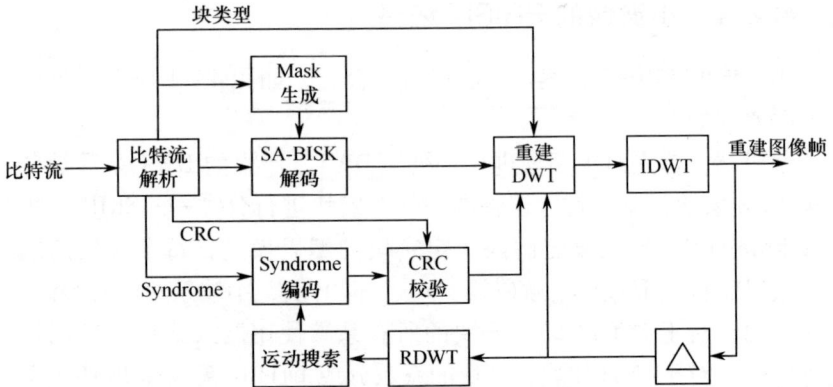

图 4 – 1 小波域 PRISM 分布式视频编解码框架

解码端，首先解析从信道传来的比特流。编码模式图和 BISK（Binary set splitting with k – d trees）帧内解码器一起重建 INTRA 和 RESIDUAL 系数。对于每个 INTER 块，在前一帧的 DWT 进行半像素运动搜索搜寻匹配块。每个候选匹配块输入维特比解码器，使用软译码。16 位 Syndrome 序列输入至维特比解码器，输出 16 个模 4 码字。为了恢复当前块的 16 个量化指标，这 16 个模 4 码字连同候选块的 16 个 INTER 系数一起使用。如此处理，对于每个系数，基于合适的模 4 标签的重构值最接近于找到的参考块的系数。然后，生成量化指标的 16 位 CRC 与编码器发送的 CRC 比较。如果 CRC 码相匹配，运动搜寻结束，相应的匹配系数传给 DWT 重建模块。如果 CRC 码不匹配，运动搜寻移向下一候选块。如果在搜寻窗中没有发现匹配块，系数标记为不匹配。对于 SKIP 和不匹配的系数，把对应的先前重建帧同一点系数，只是简单地复制到当前帧的 DWT 之内。由 Syndrome 解码和运动搜寻程序产生的匹配系数加上来自 BISK 解码器的 RESIDUAL 系数以生成 INTER 系数。最后，使用 IDWT，生成重建帧。

4.2.2 残差 LQR – DVC 编码

如图 4 – 2 所示，在基于 LQR（Lattice Quantization Residual）的 DVC 方案中，编码端 WZ 帧的编码分两路码流传输。一路是 LQR 哈希码流，即是从零运动粗糙量化的 H. 264 编码器来的比特流，只用前一帧做参考帧进行差分脉冲编码调制（Differential Pulse Code Modulation，DPCM），计算复杂度较低。另一路是 WZ 码流，首先用零运动 H. 264 解码生成的参考帧 W_{re} 与当前编码 WZ 帧生成残差帧 R，然后对 R 进行小波变换，生成的小波系数用等级树分集（Set Partitioning In Hierarchical Trees，SPIHT）编码。

解码端，LQR 首先被解码，进行运动估计以生成边信息。LQR 运动补偿模块分两步进行运动估计/补偿：第一，进行运动估计找到最佳匹配块以及相应的运动矢量；第二，对 LQR 中的宏块和相应的匹配块做加权平均来生成补偿块，即为边信息。接着，取边信息与参考帧 W_{re} 的残差帧 R_y，对 R_y 进行小波变换，生成的小波系数作为边信息辅助 SW – SPITH 解码器和重构模块进行解码重建。然后，进行小波逆变换，得到重建残差 R'。最后加上参考帧信息 W_{re}，得到恢复的 WZ 帧。

WZ 帧的编码由小波变换、SPITH 编码器和信道编码组成，LQR 哈希的编码采用零运动的 H. 264 实现。整个系统编码复杂度与帧内编码相类似，不过远小于帧间编码。

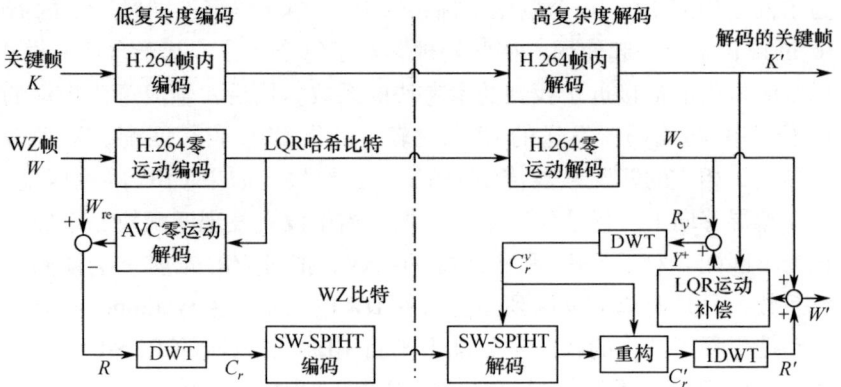

图 4-2　残差 LVQ-DVC 框图

4.2.3　基于模归约的 LTW 编码

基于模归约的 LTW（Lower-Tree Wavelet）小波方案引入了一个新的评估模块，用简化的程序选择模归约参数。这一点与文献［9］提出的方案有所不同。本方案中没有使用 Turbo 编码，不需要接收端的反馈。如图 4-3 所示，包括三个步骤：

（1）未量化的原始小波系数 X 的模归约数 M，以获取归约变量 $\bar{X} = \phi_M(X) \equiv X \bmod M$；

（2）$\bar{X}$ 的有损编码。归约系数通过一个高效的小波编码器压缩，可以使用文献［11］提出的低复杂度编码器实现。

（3）在接收端，通过量化的 $\bar{X}$ 和边信息进行 X 的最大似然解码。X 的解码质量与 M 值的选取也有关。

与基于 Syndrome 的 DVC 编码方案相比，基于模归约算法的 LTW 方案有其优越性。基于 Syndrome 的 DVC 编码方案中，不传输 X 的每个位平面，而是传输 Syndrome 码。Syndrome 码允许接收端推断二进制编码字属于一个陪集（coset）；同样地，在 LTW 方案中，通过 X 的先验知识可以推断 $\phi_M^{-1}(\bar{X}) = \bar{X} + M\mathbb{Z} \equiv \{\bar{X} + nM; n \in \mathbb{Z}\}$。归约值 X 可以看作是 X 的类似 Synndrome 码。在接收端，最大似然重建通

过选择最接近边信息 Y 的参数 $\phi_M^{-1}(\bar{X})$。忽略量化，如果 $|X - Y| <$ $M/2$，几乎无误差产生。通常情况下，在基于 Synndrome 的 DVC 编码方案中，许多 Synndrome 位必须足够大以允许对 X 和边信息的位平面内所有的"翻转"位进行修正。如果 Synndrome 码长度不够，重建 X 时会带有误差；同样地，在 LTW 方案中，应该选择较大的 M 值以满足无失真重建。这个方案和经典 DVC 方案之间的主要区别是有一个类似 Synndrome 码，在计算 Synndrome 之后移动量化器，而且使用有损编码方案为归约值编码。

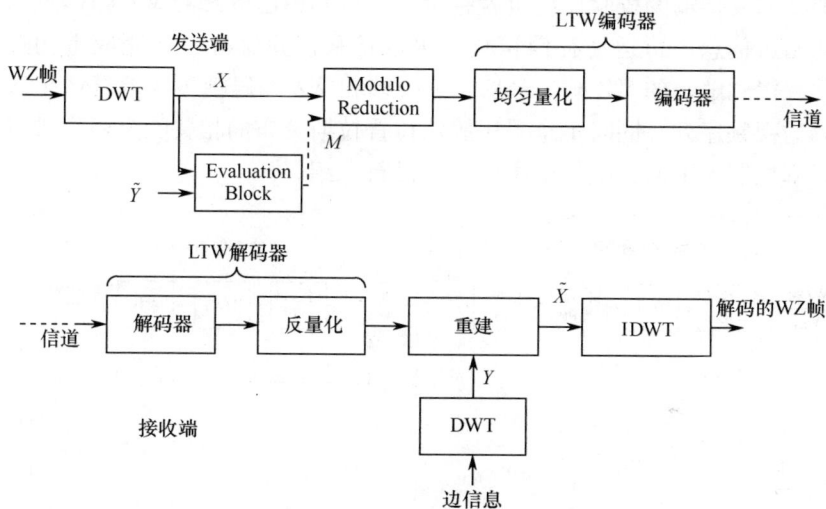

图 4 - 3 基于模归约的 LTW 框图

4.3 改进的小波域的分布式视频编码

本章提出的基于小波域的 DVC 框图如图 4 - 4 所示。此框架是在文献［8］提出的 DVC 系统框架上的改进。主要的不同之处在于：本方案采用了不同的分类准则，在 DWT 后对系数进行格雷码编码，同时采用了更有效的虚拟信道模型和边信息生成技术。

在编码端，定义输入视频为 X_1，X_2，…，X_N，N 为序列长度。视频序列被分成关键帧和 WZ 帧。偶数帧 X_{2i} 为关键帧，采用传统的

H.264 帧内编码解码方式。奇数帧 X_{2i+1} 为 WZ 帧，采用帧内编码、帧间解码的方式对其进行编解码。根据 WZ 帧的空间相关性对其进行块分类，再进行小波变换和量化以便减少空间冗余。对量化后的符号进行格雷码转换，然后送入 LDPC 编码器，产生奇偶校验码，系统将生成的校验码暂时存在缓冲器中。解码过程中，缓冲器会根据解码端的需求传送部分校验码到解码器，以便成功译码。

　　解码端利用相邻的已解码关键帧生成边信息。边信息作为原始 WZ 帧的估计，估计质量越好，LDPC 解码器纠正的错误比特数越少，那么需要传输的校验比特也就越少。本章利用已解码的 WZ 帧信息对初始边信息进行运动补偿精化。边信息和校验比特一起完成重构过程，得到解码的 WZ 帧。最后，关键帧和 WZ 编码帧再次混合产生解码的视频序列。同时本章采用服从拉普拉斯分布的相关噪声模型进行码率控制。下面对框架中主要模块进行介绍。

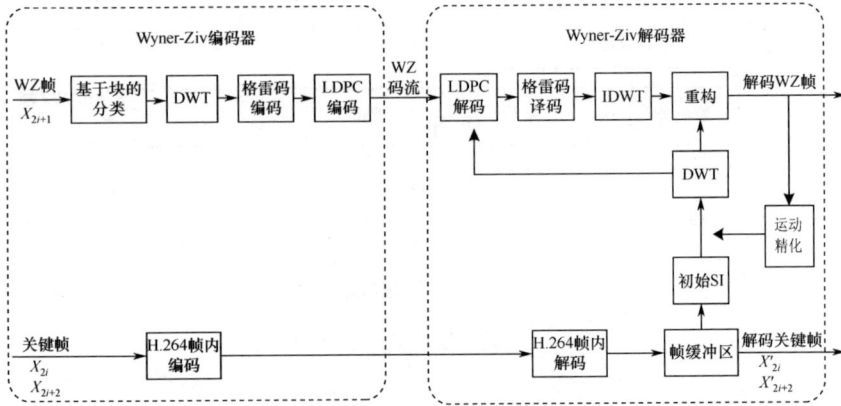

图 4 - 4　提出的小波域分布式视频编码方案

4.3.1　基于块的分类

　　对于一个给定的块，绝对误差和（SAD）通常由下式计算：

$$\text{SAD} = \sum_{x=1}^{M} \sum_{y=1}^{N} |B(x,y) - B_{\text{re}}(x,y)| \qquad (4-1)$$

式中：B 为当前块；B_{re} 为参考帧中与当前块位置相同的块；M，N 为块大小。

文献 [8] 中，WZ 帧的基于块的分类是以当前帧和参考帧的宏块的误差平方和（Sum of Square Difference，SSD）为判决准则。考虑到时域方向性和空间相关性，本文提出了一种新的分类方法。计算出当前宏块的 SAD 和所有周围块的 SAD 值，采用新的判决准则 SAD_n 对 WZ 帧进行分类，SAD_n 定义式为

$$SAD_n = \frac{(SAD_0 + \lambda \cdot SAD_1)}{1 + \lambda} \qquad (4-2)$$

式中：λ 为权重值；SAD_0 为当前块的 SAD；SAD_1 为周围块的平均 SAD 值。如果 SAD_n 值小于某一设定的阈值，则认为当前块与边信息中相应位置的块相关性强，定义此块为 SKIP 模式，在解码端直接用估计的边信息值代替。反之，如果 SAD_n 值大于某一设定的阈值，则认为当前块与边信息中相应位置的块相关性弱，则当前块定义为帧间模式，然后进行小波变换。为了减小相关信息的表示代价，帧间模式块进一步分类。如果 B 和 B_{re} 之间高频系数的 SAD_n 低于设定的阈值，就假定解码端的估计值足够精确而舍弃高频系数，否则将它们编码后送到解码端。块模式反映了运动信息，因而它有助于运动估计和高频系数恢复。解码端边信息估计越好，SKIP 模式块和能丢弃的高频系数就越多。同样，块分类越精确，边信息的估计也越准确。因此，编码端的信源分类可以提高编码增益。

4.3.2　格雷码编码

DVC 的性能取决于对当前帧的预测的准确性。然而，由于 DVC 的基于位平面的编码机制，预测的准确度不同于传统混合视频编码器。从差错控制编码的角度来讲，解码当前帧所需的 Syndrome 码的位数与发生误码的位数相对应。在 DVC 系统中，它取决于当前帧的比特数，这与预测帧中的比特数不同。

因此，在解码端进行运动搜索是远远不够的。在某些情况下，运动搜索虽然效果好，但不同位的数目仍然比较大。例如，当前块的一个小波系数为 8，相应的，预测块的小波系数是 7。在这种情况下，当前块和预测块的小波系数非常接近，因而预测也会相当准确。假设使用 4 比特量化，当前块的小波系数应是 1000，预测块的小波系数

是 0111。此时，4 个比特位均不同，将需要较多的 Syndrome 码修正四个比特差异。

格雷码能够解决这样的问题。格雷码是一种二进制数字系统，两个连续值的二进制数只有一位不同。格雷码的汉明距离为 1，因此它与自然二进制码相比具有更好的容错能力。应用到上面的例子，当前块的小波系数的格雷码是 1100，相应的预测块的小波系数的格雷码是 0100。这种情况下，仅有一位不同，因此很少的 Syndrome 码就能校正一位的差异。显然，格雷码的转换要增加一些系统复杂度，但可以提高编解码器的性能。引入格雷码编码减少了 WZ 帧和边信息之间的相关信道误差。

4.3.3　虚拟信道模型

拉普拉斯信道模型表示为

$$p[\,WZ(x,y) - SI(x,y)\,] = \frac{\alpha}{2}\exp[\,-\alpha\,|\,WZ(x,y) - SI(x,y)\,|\,]$$

$$(4-3)$$

式中：x、y 为每帧中的像素坐标；$WZ(x,y)$ 为编码端 WZ 帧；$SI(x,y)$ 为解码端相应的边信息；α 为拉普拉斯参数，且满足

$$\alpha = \sqrt{\frac{2}{\sigma^2}} \qquad (4-4)$$

式中：σ^2 为原始 WZ 帧与对应的边信息帧之间残差的方差。

为了更直观的观察残差数据的分布以及拉普拉斯信道模型与真实残差数据的匹配程度，图 4-5 给出了 Foreman 序列的残差分布图。图中仿真了序列的第 25 帧的边信息与原始帧数据的差值特性，同时做出了相应的拉普拉斯模型和高斯模型。仿真结果表明：拉普拉斯模型非常接近边信息与原始 WZ 帧之间残差的分布。

文献 [8] 相关噪声采用的是拉普拉斯模型，通过统计预测块的差的统计特性来估计相关噪声的统计特性，在频带级进行相关模型参数估计。本书的研究是基于小波变换的变换域 DVC 系统，针对小波变换的特点，对相关噪声进行分析。时域相关噪声也采用拉普拉斯信道模型，在解码端分析小波变换后不同子带的相关模型参数 α。

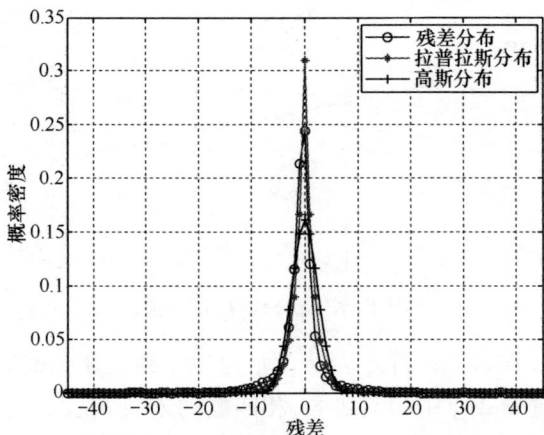

图 4 - 5　Foreman 序列 WZ 帧与边信息残差统计第 25 帧

4.3.4　边信息生成

在 DVC 系统中,边信息生成是一个重要模块。解码端实现码率控制时,需要足够的校验比特进行解码重建。如果生成比较精确的边信息,则解码器只需较少的比特信息就能成功解码。此外,重建模块性能也依赖于边信息。

第 2 章提出的基于卡尔曼滤波的边信息生成技术虽然采用了有效的运动估计方法,减小了运算复杂度,且提升了边信息质量,但是并没有考虑已解码的 WZ 帧的信息。实际上已解码的 WZ 帧包含有比参考帧更多的附加信息。本章提出了一种新的边信息精化方法,使用部分解码后的 WZ 帧来更新边信息和改善重建效果。为了克服运动估计过程中出现重叠或者空白区域的现象,首先用运动补偿加权内插生成初始边信息,然后用已解码的 WZ 帧对初始边信息进行精化,产生新的边信息,进而提高重建 WZ 帧的质量。

4.3.4.1　初始边信息生成

采用运动补偿的加权内插算法生成初始边信息,如图 4 - 6 所示,运动搜索是在已解码的关键帧 X'_{2i} 和 X'_{2i+2} 之间进行的。

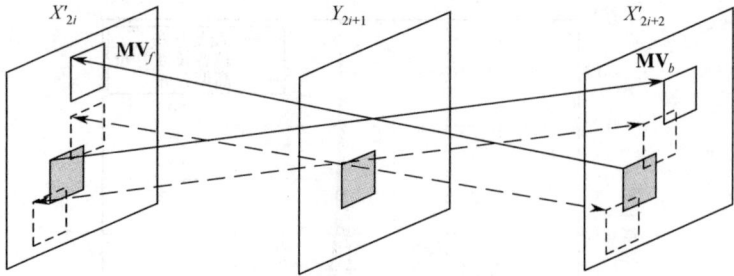

图 4-6 初始边信息生成

其详细过程如下：首先，以 X'_{2i} 为参考帧，在关键帧 X'_{2i+2} 中搜索与前一关键帧 X'_{2i} 中的宏块 S_{2i} 相匹配的宏块 S_{2i+2} ，得到相应的运动矢量 $\mathbf{MV}_f$ ；其次，以 X'_{2i} 中的宏块 S_{2i} 为参考，用估计出的 $\mathbf{MV}_f/2$ 得到内插块 S_{11} ，同理，以 X'_{2i+2} 中的宏块 S_{2i+2} 为参考，用 $-\mathbf{MV}_f/2$ 得到内插块 S_{12} ；最后，以 X'_{2i+2} 为参考帧，在关键帧 X'_{2i} 中搜索与后一帧 X'_{2i+2} 中的宏块 S_{2i+2} 相匹配的宏块 S_{2i} ，得到相应的运动矢量 $\mathbf{MV}_b$ ；同样，以 X'_{2i+2} 中的宏块 S_{2i+2} 为参考，用 $\mathbf{MV}_b/2$ 得到内插块 S_{21} ，以 X'_{2i} 中的宏块 S_{2i} 为参考，用 $-\mathbf{MV}_b/2$ 得到内插块 S_{22} 。取加权平均值，参考块为

$$S = \frac{S_{11} + S_{12} + S_{21} + S_{22}}{4} \quad (4-5)$$

因此，得到初始的边信息估计。

4.3.4.2 运动补偿精化

运动补偿精化的目的是从当前解码 WZ 帧中获得更加精确的重建帧。基于初始边信息，WZ 解码器首先产生一个部分解码的 WZ 帧，即 WZ_d。然后用 WZ_d 来精化边信息。采用以下方法生成边信息：

步骤一：以 WZ_d 为参考帧，分别在前后两个关键帧 X'_{2i} 和 X'_{2i+2} 做前向和后向运动估计，得到前向运动补偿帧 Z_F 和后向运动补偿帧 Z_B ；

步骤二：计算 WZ_d 与 Z_F，Z_B 的残差

$$R_F(x,y) = Z_F(x,y) - WZ_d(x,y) \quad (4-6)$$

$$R_B(x,y) = Z_B(x,y) - WZ_d(x,y) \qquad (4-7)$$

步骤三：根据步骤二中得出的残差大小，计算各自的加权系数

$$U = e^{-[R_F(x,y)]^2} \qquad (4-8)$$

$$V = e^{-[R_B(x,y)]^2} \qquad (4-9)$$

$$w = \frac{U}{U+V} \qquad (4-10)$$

步骤四：根据加权系数进行边信息融合，得出新的边信息

$$Y = wZ_F + (1-w)Z_B \qquad (4-11)$$

将新的边信息送入 LDPC 解码器重新解码，可得到新的重建 WZ 帧。仿真实验结果表明，多次迭代并不能明显提高边信息的质量，为了减小解码端的不必要延时，实验仿真时只对边信息做一次迭代。

4.4　实验结果与分析

本节仿真实验条件如表 4-1 所列：选用标准视频序列库中 QCIF（176×144）格式的 Foreman 和 Hall 两个序列，取前 100 帧进行测试，帧率为 30f/s。小波域的 DVC 系统中，GOP = 2。其中偶数帧编码为关键帧，用 H. 264 进行帧内编码，奇数帧编码为 WZ 帧。每个 WZ 帧分为 16×16 的宏块，作 3 级 Daubechies′9 - 7 小波变换。采用码率为 1/2 的非规则 LDPC 码（$n = 10000$，$k = 5000$）。LDPC 码的生成多项式为

$$\lambda(x) = 0.234029x + 0.212425x^2 + 0.146898x^5 +$$
$$0.10284x^6 + 0.303808x^{19} \qquad (4-12)$$

$$\rho(x) = 0.71875x^7 + 0.28125x^8 \qquad (4-13)$$

在测试过程中，率失真曲线只考虑 WZ 帧亮度分量的平均码率和平均 PSNR 值。

表 4-1　实验条件

参数名称	参数值
测试序列	Foreman、Hall
图像格式	QCIF（176×144）

参数名称	参数值
帧数	100
帧率/f/s	30
GOP 大小	2

两个测试序列的初始边信息和运动补偿精化后的边信息的 PSNR
分布图如图 4 - 7 和图 4 - 8 所示。从仿真结果可以看出，运动补偿精
化提高了边信息的质量。Foreman 序列属于中等剧烈运动的视频，
PSNR 值起伏较大。人物的运动有较快的突变时，相应的 WZ 帧和前
后两个关键帧之间的差异就会比较明显，图像的运动就不满足匀速线
性的这一假设了，估计出的运动矢量与真实运动场出现较大偏差，已
解码的 WZ 帧包含了原始 WZ 帧的信息，对初始边信息中有偏差的运
动矢量进行了修正，减小了与原始帧之间的误差，从而提高了边信息
的质量。

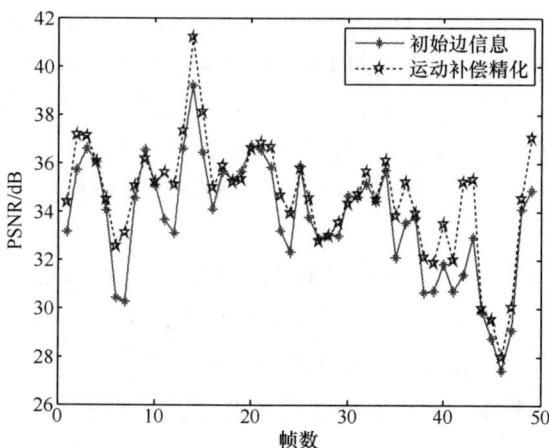

图 4 - 7　Foreman 序列边信息 PSNR

图 4 - 8 中，Hall 序列背景变化不大，人物的运动也是相对缓慢
的。对前几帧几乎无人物细节的图像，运动补偿精化后边信息的质量
几乎没什么变化。当有人物出现时，PSNR 值急剧下降，这时运动补

偿精化的效果比较明显。

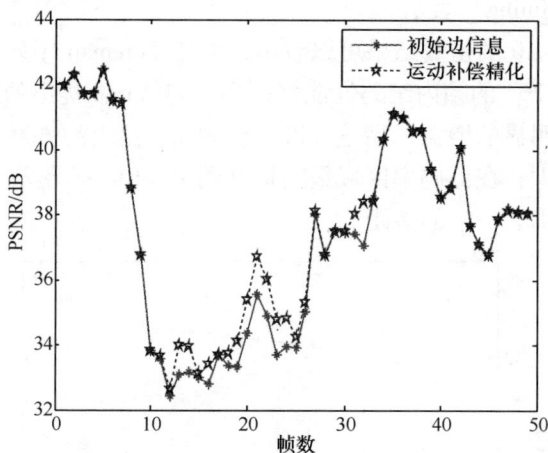

图4-8　Hall 序列生成边信息帧的 PSNR 图

图4-9 为 Foreman 序列的主观质量比较结果。从图中可以看出运动补偿精化后的重建图像主观质量更好。在图4-9（b）中，嘴唇存在明显的失真。通过运动补偿精化后，降低了块效应的影响，运动区域也变得比较清晰，提高了图像的主观视觉效果。

(a) 原始图像帧　　　　(b) 初始边信息　　　　(c) 精化后的重建帧

图4-9　Foreman 序列主观视觉效果图

接着对小波域 DVC 系统性能进行了测试。同样选取了 Foreman 和 Hall 两个序列，取前 60 帧进行测试。图4-10 和图4-11 是两个测试序列的率失真曲线。将两个序列的率失真性能与 Aaron 等提出的方案、Zhang 等提出的方案、H.264 帧内、H.264 帧间做了比较。这里文献［14］的方案中边信息是基于运动补偿内插生成的。同时，将本书提出的方案省略了边信息运动补偿精化部分也进行了测试，图中用 "No refining" 表示。

从图 4 - 10 的仿真结果可以看出，对于 Foreman 序列，这里提出的方案比 H. 264 的帧内编码性能好很多。与 Aaron 提出的方案的结果相比较也有明显的增益，高达 2dB。与 Zhang 提出的方案相比较，性能也提高不少，在低码率区域最高提升约 1.3dB。但是与 H. 264 帧间编码相比较仍有一定的差距。

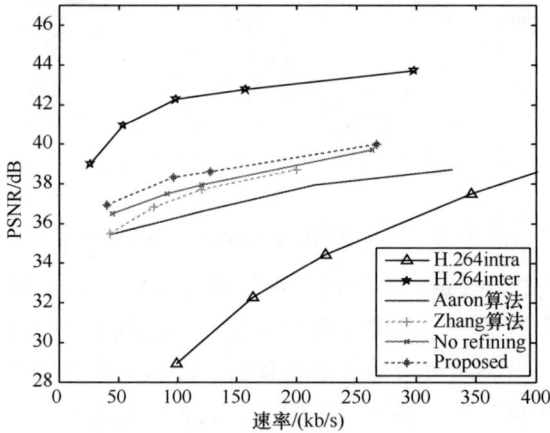

图 4 - 10　Foreman 序列率失真曲线

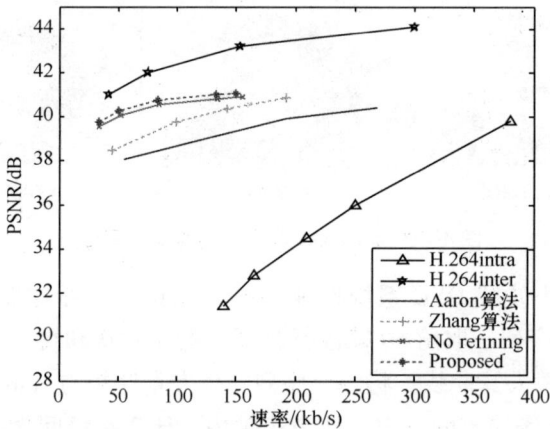

图 4 - 11　Hall 序列率失真曲线

从图 4 - 11 的仿真结果中可以看出，对于运动缓慢的 Hall 序列，本章提出的方案与 H. 264 的帧内编码性能的差距更大，但是与 H. 264 帧间编码性能却比较接近。在低码率区域，与 Zhang 提出的方案相比，性能提升较多，可达 2dB 左右。但是采用边信息精化方法的系统与省略运动补偿精化的系统性能相比较，PSNR 值提高并不是很明显。

4.5 本 章 小 结

本章首先介绍了基于小波变换的 DVC 方案的研究进展情况，接着对最新的几种小波域 DVC 系统框架做了分析，同时提出了一种改进的小波域 DVC 方案。改进方案中，采用了新的判决准则进行 WZ 帧的分类，并将格雷编码用在系统中，提高了系统的鲁棒性。选取比高斯模型更为精确的拉普拉斯模型来描述边信息与 WZ 帧之间的残差分布。基于运动补偿精化的边信息生成方法利用已解码的 WZ 帧的信息对边信息进行有效融合，迭代生成的边信息提高了解码 WZ 帧的质量，进而提升了小波域 DVC 的率失真性能。

在下一步工作中，更精确的虚拟信道模型参数估计和更有效的边信息融合方法是一个研究方向。

参 考 文 献

[1] Fowler J E, Tagliasacchi M, Pesquet - Popescu B. Wavelet based distributed source coding of video [EB/OL]. 2005. http：//signal. ee. bilk ent. edu. tr/def - event/papers/cr1535. pdf.

[2] Wang Anhong, Zhao Yao, Li Jing. Wavelet - Domain distributed video coding with motion - compensated refinement [C]. Atlanta：IEEE International Conference on Image Processing, 2006：241 - 244.

[3] Guo Xun, Lu Yan, Wu Feng, et al. Distributed video coding using wavelet [C]. IEEE International Symposium on Circuits and Systems, 2006：5427 - 5430.

[4] Guo X, Lu Y, Wu F, et al. Wyner - Ziv video coding based on set partitioning in hierarchical tree [C]. IEEE International Conference on Image Processing, 2006：601 - 604.

[5] Liu W, Dong L, Zeng W. Estimating side - information for Wyner - Ziv video coding using res-

olution – progressive decoding and extensive motion exploration [C]. Taipei: IEEE International Conference on Acoustics. Speech, and Signal Processing, 2009: 721 – 724.

[6] Bernardini R, Rinaldo R, Vitali A. et al. Performance evaluation of wavelet – based distributed video coding schemes [J]. Signal Image and Video Processing, 2011, 5 (1): 49 – 60.

[7] Li Xin. On the importance of source classification in Wyner – Ziv video coding [C]. San Jose: SPIE Conference on Visual Communication and Image Processing, 2008.

[8] Zhang Jinrong, Li Houqiang, Liu Qiwei, et al. A transform domain classification based wyner – ziv video coding [C]. International Conference on Multimedia and Expo, 2007: 144 – 147.

[9] Bernardini R, Rinaldo R, Zontone P, et al. Wavelet domain distributed coding for video [C]. Atlanta: IEEE International Conference on Image Processing, 2006: 245 – 248.

[10] 王安红. 分布式视频编码研究 [D]. 北京: 北京交通大学, 2009.

[11] Oliver J, Malumbres M P. Low – complexity multiresolution image compression using wavelet lower trees [J]. Transactions on Circuits and Systems for Video Technology, 2006, 16 (11): 1437 – 1444.

[12] 侯萌洁. 分布式视频编码中的信道建模及边信息改进算法研究 [D]. 北京: 北京邮电大学, 2011.

[13] Liveris A D, Xiong Z and Geoghiades C N. Compression of binary sources with side information using low – density parity – check codes [C]. Global Telecommunications Conference, 2002: 1300 – 1304.

[14] Aaron A, Rane S, Setton E, et al. Transform – domain Wyner – Ziv codec for video [C]. SPIE Conference on Visual Communications and Image Processing, 2004: 520 – 528.

第5章

基于棋盘分类的分布式视频编码

5.1 引　言

在分布式视频编码系统中，视频图像采用独立编码联合解码的方式进行编解码。当解码端充分挖掘图像的时间冗余时，繁重的计算过程也就从编码端转移到了解码端。虽然从理论上分析，分布式视频编码系统可以达到和传统视频编码系统 H.264/AVC 相同的 RD 性能，但是实际上，已知的所有分布式视频编码系统性能都次于 H.264/AVC。

性能差距产生的原因主要有以下几个方面：

其一，在解码端进行运动估计，不可避免的会产生不够准确的边信息，因为在解码端，原始图像信息是未知的，进行运动估计并不能找到真实的运动矢量。

其二，Slepian – Wolf 和 WZ 原理假设原始帧 X 和边信息 Y 之间的相关性已知，即条件概率密度函数 $H(X|Y)$ 是已知的。但是在编码端 Y 的信息是未知的（在解码端 X 的信息也是未知的），因此需要对它们的条件分布进行估计。X 和 Y 的相关模型的不准确性会导致 WZ 编码器的性能降低。

其三，传统的视频编码技术定义了丰富的帧内帧间预测模式和先进的率失真优化的模式选择机制。这种模式选择过程适应于不同特性的视频序列。相反的，当前的 DVC 系统并没有采用复杂的预测模式，大多只采用一种模式（即 WZ 模式）编码整个视频帧。对视频帧进行分类，或者采用不同的编码模式（如 SKIP 模式、INTRA 模式和 WZ 模式）常常用来改善 DVC 的性能。

目前 DVC 系统几乎都是基于一种由 Aaron 提出的结构。另外一种经典的 DVC 结构，即 Puri 和 Ramchandran 提出的 PRISM 系统框架。在 PRISM 构架中，每一帧分成许多宏块，每个宏块都有标记，比 SKIP、WZ 或 INTRA。标记为 SKIP 的宏块不参与编码，此时，前一帧的对应宏块直接被用作解码结果。标记为 WZ 的帧会先进行 DCT，只有低频的系数进行 WZ 编码，高频系数进行帧内编码。PRISM 远不如 Aaron 等提出的编解码器受欢迎，相关文献也很少。这两类结构慢慢演变为两类主流的 DVC 编解码器，即基于位平面的编解码器和基于块的编解码器。对于前者，比特位根据频率和索引值被重新分组。后者的编解码器和 PRISM 构架一样，将帧分为宏块，再重组每个块内的比特位。在这种情况下，作为信道编码器输入的码字，由某个特定宏块像素的全部传输系数的所有比特位组成。

Chien 和 Karam 提出的率失真模型能帮助解码器判断哪些位平面应该被解码，哪些又可以被跳过。对于运动缓慢或者中等速度的视频序列，这种编解码器有较好的性能。但是，对于那些运动剧烈的视频，这种编解码的性能就降低了。也就是说，跳过整个位平面后，编解码器难以适应边信息的空间变化量。

因此，Belkoura 和 Sikora 以及封颖等提出跳过宏块而不是跳过与频率相关的位平面。在编码器端，根据当前宏块与其在前一帧中的相关宏块的均方误差，判断是否要跳过该宏块。或者，在解码器端，根据用于生成边信息的参考宏块间的方差和作为判决门限。那些被跳过的比特位，将在编码端被丢弃，或者以全 0 取代。无论是哪一种情况，都会牺牲信道编码器的编码效率。文献［6］提出了一种既能避免信道编码效率降低，又能利用被跳过的宏块的方法。在编码器端被标记为 SKIP 的宏块并没有被直接略去，仍然计算其整帧的校验位。但是将在编码端存储宏块的 SKIP 模式信息，并将模式信息同时发送到解码端。宏块的 SKIP 模式信息将有助于信道解码，但这样一来，就显著增加了编码速率。

Chien 等提出逐块对位平面进行扫描，而不是逐行扫描。按块进行扫描时，解码器能自适应地改变所需的校验位数。允许零校验位，也就相当于支持宏块跳过模式。Do 等在解码端实现了基于运动矢量线性估计的模式判决。那些具有线性运动矢量的宏块将被跳过。对于非线性运动矢量，为了提高其对应的边信息质量，需要从编码端传送额外的哈希信息。

Trapanese 等在基于位平面的编码器中，增加了 WZ 帧的编码模式—帧内编码。计算两个宏块的 SAD 值后，与一门限值进行比较，并做出 INTRA 标记。相应的宏块进行帧内编码。为 WZ 编码器提取码字时，帧内编码宏块的相关比特位将被跳过。这样的判决准则，既可以在编码端完成，也可以移至解码端。在后续的研究中，编码模式判决准则采用了额外的空域平滑准则。Tsai 等提出的基于块的 DVC 编码器中也用过类似的方法。

Ascenso 和 Pereira 提出了联合的帧内/WZ 编码模式。为了提高边信息的质量，为每个宏块发送低质量的帧内编码版本至解码端。解码器会估计并最小化传输速率，以在混合模式和普通的 WZ 模式中作出判断。

Esmaili 和 Cosman 为关键帧添加了 SKIP 和 WZ 编码模式。在解码端，计算关键帧中每个宏块与其在前一解码关键帧中的对应宏块的均方误差。均方误差低于特定门限值时，将跳过该宏块；未跳过的宏块，如果均方误差小于另一门限值，就进行帧内编码。其余的宏块，进行 WZ 编码。对于输入到信道编码器的码字，为了保持其长度固定，需要将跳过的以及帧内编码的宏块的相关比特位置 0。Benierbah 和 Khamadjia 提出了一种没有关键帧的基于块的编解码器。按照棋盘格式将帧分为 WZ 宏块和帧内宏块。解码后的帧内编码宏块，能为其他 WZ 宏块提供边信息，也能估计它们的可靠性。由于采用了固定的模式，模式信息就不需要发送了。

本章提出一种新的基于棋盘分类的 DVC 方案，其中 5.2 节简单介绍了本章提出的方案中用到的 DCT 域的分布式视频编码方案；5.3 节详细描述了本章提出的 DVC 方案；5.4 节介绍了解码过程中的主要算法过程；5.5 节通过实验分析了算法的性能；5.6 节是本章的工作总结。

5.2　传统 DCT 域分布式视频编码

本节简单介绍一下传统的 DCT 域的 DVC 方案。2002 年，A. Aaron 等人提出了 DCT 域 DVC 方案，系统结构框图如图 5 - 1 所示。这个系统中变换系数用 WZ 编码器编码，引入了较小的编码复杂度，但是比像素域 DVC 系统取得了更好的压缩效率和解码效果。主要编解码过程如下：

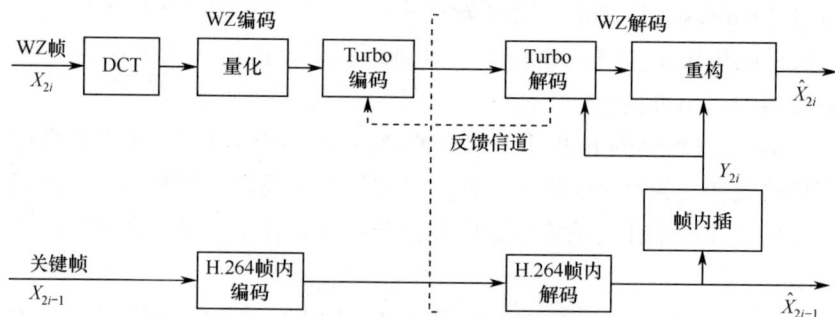

图 5 - 1　传统分布式视频编码框图

1）编码端

（1）帧分类。视频序列被分为关键帧（Key frame）和 WZ 帧（Wyner - Ziv frame）。每个 GOP 有一个关键帧，其余均为 WZ 帧。关键帧采用传统的 H.264 帧内编码解码方式进行编码，而 WZ 帧则采用帧内编码帧间解码的编解码方式。

（2）空间变换。对 WZ 帧进行 N × N 的 DCT 变换后，能量集中在了一小部分低频系数上。根据每个 DCT 系数在每个块中的位置，整个 WZ 帧的 DCT 系数按照重要性形成 DCT 系数带。

（3）量化。对每个 DCT 系数带进行均匀量化，量化级数取决于解码质量。对于一个给定的系数带，将量化符号比特集中起来形成比特平面，然后进行独立的 Turbo 编码。

（4）Turbo 编码。每个 DCT 系数带从重要比特平面开始进行 Turbo 编码，产生的奇偶校验信息存储在缓冲器中，通过反馈信道，根据解码端的请求传输校验比特，以完成 Turbo 解码。

2）解码端

（1）边信息生成。解码端，两个已解码的帧（关键帧或者 WZ 帧）用运动估计/补偿的方法生成边信息。边信息作为原始 WZ 帧的"噪声版本"，其估计的质量越好，那么 Turbo 解码器需要纠正的"错误"就越少，编码端传送的校验比特就越少。

（2）相关噪声模型。WZ 帧和边信息对应的 DCT 系数之间的残差假设服从拉普拉斯分布，相应的参数通过离线方式估计。原始 WZ 帧在解码端无法预知，同时边信息在编码端也不可知，因此在解码端，一般用已解码的关键帧之间的残差近似表示 WZ 帧和边信息之间的残差。

（3）Turbo 解码。一旦边信息的 DCT 系数和给定的 DCT 系数带的残差分布已知，每个比特平面即可由 Turbo 解码得到（从 MSB 开始）。当通过反馈信道发送请求时，Turbo 解码器从编码器获得连续的校验信息。对于某个比特平面成功解码，为了决定是否需要更多的校验比特，所以解码器采用一种请求停止准则。在成功的 Turbo 解码 DCT 子带的 MSB 比特平面后，Turbo 解码器以类似的方法处理其余的比特平面。当前 DCT 子带的所有比特平面被成功解码后，Turbo 解码器开始解码下一个 DCT 子带。

（4）重构。Turbo 解码后，每个 DCT 子带的所有比特平面集中起来形成了每个子带的解码量化符号流。一旦获得了所有的解码的量化值，就能在相应的边信息的辅助下完成所有 DCT 系数的重建。DCT 系数带中 WZ 比特未传输的内容被相应的边信息的 DCT 子带所代替。

（5）逆变换。当所有的 DCT 子带被重建后，再进行逆离散余弦变换（IDCT），即获得了解码后的 WZ 帧。

（6）帧合并。为了得到解码的视频序列，对已解码的关键帧和 WZ 帧进行合并输出。

5.3 棋盘分类的分布式视频编码

5.3.1 理论分析

在传统的 DVC 系统中，通常采用运动补偿内插方法来生成边信息，这充分利用了视频帧的时间相关性；编码端进行 WZ 帧编码时，采用 DCT 又充分挖掘了视频帧的空间相关性。然而，解码端对 WZ 帧的信息是未知的，因此更无法像编码端那样有效利用视频帧的相关特性。如果在解码端已知 WZ 帧的部分信息，将能较好利用其相关性。假设，X_{2i} 表示 WZ 帧；X_{2i-1}，X_{2i+1} 分别表示两个相邻的关键帧；Y_{2i} 表示 WZ 帧 X_{2i} 对应的边信息。

由信息论知识可知，如果对 WZ 帧 X_{2i} 整帧编解码，至少需要 $H(X_{2i}|Y_{2i})$ 比特（每个字符）才能重建 X_{2i}。现假设将 X_{2i} 分成几部分，比如将 X_{2i} 分成两部分，即 X_{2i}^1 和 X_{2i}^2；而 Y_{2i}^1 和 Y_{2i}^2 表示 X_{2i}^1 和 X_{2i}^2 各自对应的边信息。

编码端对 X_{2i}^1 和 X_{2i}^2 进行独立编码，解码端在边信息 Y_{2i}^1 的辅助下先解码 X_{2i}^1 部分；然后，在已知 X_{2i}^1，Y_{2i}，X_{2i-1} 和 X_{2i+1} 的情况下，用运动估计精化 X_{2i}^2 的边信息。假设关键帧和 WZ 帧可无失真重建。在这种情况下，解码端重建 X_{2i} 至少需要的比特数为

$$H(X_{2i}^1|Y_{2i}^1) + H(X_{2i}^2|X_{2i}^1,Y_{2i},X_{2i-1},X_{2i+1})$$
$$= H(X_{2i}^1|Y_{2i}^1) + H(X_{2i}^2|X_{2i}^1,Y_{2i}) + H(X_{2i}^1|Y_{2i}^1) - H(X_{2i}^1|Y_{2i}) +$$
$$\quad H(X_{2i}^2|X_{2i}^1,Y_{2i},X_{2i-1},X_{2i+1}) - H(X_{2i}^2|X_{2i}^1,Y_{2i})$$
$$= H(X_{2i}^1,X_{2i}^2|Y_{2i}) + \Delta H_1 - \Delta H_2$$
$$= H(X_{2i}|Y_{2i}) + \Delta H_1 - \Delta H_2 \tag{5-1}$$

式中

$$\Delta H_1 = H(X_{2i}^1|Y_{2i}^1) - H(X_{2i}^1|Y_{2i})$$
$$\Delta H_2 = H(X_{2i}^2|X_{2i}^1,Y_{2i}) - H(X_{2i}^2|X_{2i}^1,Y_{2i},X_{2i-1},X_{2i+1})$$

如果 $\Delta H_1 < \Delta H_2$，传输少于 $H(X_{2i}|Y_{2i})$ 的比特数就可以重建 X_{2i}。Y_{2i} 是由运动补偿内插法得到的，在解码端对 X_{2i} 的信息是未知的，

因此 $\Delta H_1 < \Delta H_2$ 是合理的。在实际的系统中，信道编码对视频传输的影响是不容忽视的因素，视频帧很难实现无失真重建。尽管在实际的系统中并不一定能满足上述的假设条件，但是理论分析还是有一定的合理性的。因此，本节提出了棋盘分类的 DVC 方案。

5.3.2 编码框架设计

提出的基于棋盘分类的 DVC 系统框图如图 5 - 2 所示。在编码端将视频序列分为关键帧和 WZ 帧。每个 WZ 帧 X_{2i} 分成 4×4 的块，同时按照棋盘格式分成两个子集。两个子集独立编码。在解码端，根据边信息首先解码其中一个子集，联合两一个子集进行解码重建 WZ 帧。

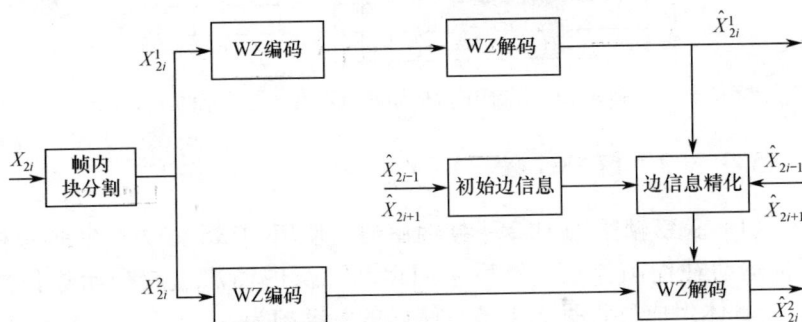

图 5 - 2 基于棋盘分类的 DVC 框图

5.3.3 编解码过程

5.3.3.1 编码过程

（1）关键帧采用传统的 H.264 帧内编码。

（2）编码端，WZ 帧 X_{2i} 按照以下规则分成两个子集 set1 和 set2，以 4×4 块大小为单位。(x, y) 是 4×4 块 M 的左上方像素的坐标值。

$$\begin{cases} M \in \text{set1} & ((x+y)\%8 = 0) \\ M \in \text{set2} & (\text{其他}) \end{cases} \tag{5-2}$$

如图 5-3 所示，WZ 帧的两个子集分别用 X_{2i}^1 和 X_{2i}^2 表示，且 $X_{2i} = X_{2i}^1 + X_{2i}^2$。

（3）与 5.2 节介绍的传统 DVC 方案的 WZ 帧处理类似，每个子集分别进行 DCT、量化和 Turbo 编码。

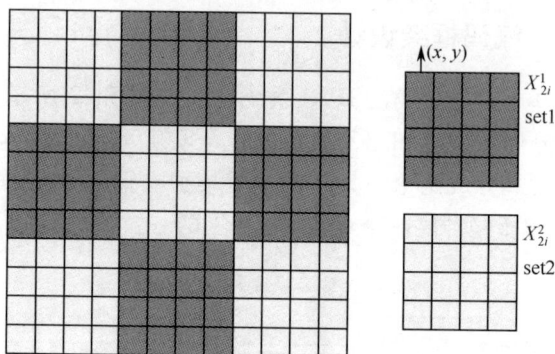

图 5-3　基于棋盘格局的 WZ 帧分类示意图

5.3.3.2　解码过程

（1）关键帧采用 H.264 帧内解码，使用 3DRS 方法产生前向和后向运动补偿图像后，然后采用运动补偿内插法生成初始边信息 Y_{2i}。具体生成过程见 5.4 节。解码的关键帧为 $\hat{X}_{2i-1}$、$\hat{X}_{2i+1}$，用 Y_{2i}^1 和 Y_{2i}^2 表示 X_{2i}^1 和 X_{2i}^2 各自对应的边信息。

（2）从编码端传来的信息与 Y_{2i}^1 一起解码得到 $\hat{X}_{2i}^1$，进而得到一个新的边信息 $Y_{2i}' = \hat{X}_{2i}^1 + Y_{2i}^2$。

（3）在已知 $\hat{X}_{2i}^1$、$\hat{X}_{2i-1}$、$\hat{X}_{2i+1}$、Y_{2i} 和 Y_{2i}' 的情况下，采用时空边界匹配法对 X_{2i}^2 进行运动补偿精化，得到新的边信息 $Y_{2i}^{''2}$。具体算法见 5.4 节。

（4）从编码端传来的信息与 $Y_{2i}^{''2}$ 一起解码得到 $\hat{X}_{2i}^2$。

（5）同步骤（3），对 $\hat{X}_{2i}^1$ 进行精化。用同样的方法得到边信息 $Y_{2i}^{''1}$，进而提高 $\hat{X}_{2i}^1$ 的质量。

（6）将 $\hat{X}_{2i}^1$ 和 $\hat{X}_{2i}^2$ 合并得到重建的 WZ 帧。

5.4 主要算法

5.4.1 三维递归运动搜索算法

5.4.1.1 运动估计算法概述

经典的运动估计算法主要有：块匹配法、像素递归法、光流分析法、相位相关法等。其中块匹配法具有简单有效、易于硬件实现的特点，因此被几乎所有的视频编码标准所采用。块匹配法是运动估计中最普遍的方法。块匹配法将一帧图像分成等尺寸的宏块，参考块和候选块之间的匹配误差最小找到每个宏块的最佳运动矢量。与像素递归方法不同，块匹配法假设图像由匀速运动的对象构成，因此，一个宏块中的所有像素共用同一个运动矢量。然而，在几乎所有的视频编码器中，基于块匹配法的运动估计是计算量最密集的模块。此外，在所有的块匹配算法中，全搜索块匹配是最常用的，但是计算量也是最大的。

为了减小全搜索（Full Search，FS）算法的计算复杂度而提出的快速算法主要有：TSS、NTSS、四步搜索（Four Step Search，FSS），基于块的梯度下降搜索（Block – Based Gradient Descent Search，BB-GDS）和 DS。TSS 算法的简易性使得它在低比特率视频会议中得到普遍应用。然而，TSS 算法在第一步采用了统一分配的搜索形状，并不能很有效的捕捉在平稳区或半平稳区的微小运动。针对 TSS 算法的这些缺点，提出了 NTSS`算法。NTSS 算法是一种自适应算法，可能在第二步或第三步时停止，相对于平稳或半平稳块能加快搜索过程。NTSS 算法与 TSS 算法相比，在第一步多估计了 8 个额外的相邻点，从而在低比特率视频应用中更好地利用了图像序列的真实运动场。FSS 算法在 TSS 算法的基础上有了进一步的改进。主要是在进行第一步时使用了中心偏置的搜索模式，该模式在 5×5 的窗口下进行 9 点查找。实验结果表明，就计算复杂度和鲁棒性来讲，FSS 算法有较好的性能。此外，FSS 算法的稳定性和模块化使得它更易于硬件实现。

BBGDS 算法是基于点检测，而不是在预先定义的搜索区域内进行块检测。它按照基于块的梯度下降方向进行搜索。DS 算法是另一种固定模式的搜索方法。不同于 TSS、NTSS 和 FSS 算法，DS 算法采用钻石形图案搜索模式。十字菱形搜索（CDS）和小十字菱形搜索（SCDS）都是 DS 算法基础上的改进。

在上述算法中，每一次迭代搜索位置的选择和搜索数量是由不同的算法事先确定的。几乎所有这些算法在初始化步骤中都是以固定模式开始的。后续步骤使用相同的模式或基于前一步骤中判决的其他模式。固定模式的应用影响了算法对全局最小失真实际位置的定位。本章采用 3DRS 算法进行运动估计。该搜索方法用于对解码端运动矢量进行搜索，可以得到更为精确的运动估计和运动补偿算法，从而有效提高边信息的质量。

5.4.1.2　三维递归搜索法

3DRS 也属于块匹配运动估计算法。它基于以下两点假设：

第一，连续视频序列中，每帧之间不存在运动突变，并且运动的物体保持运动的惯性；

第二，在一幅图像中，较大的区域内的运动场保持一致。如果区域内宏块的尺寸小于物体的尺寸时，则应该满足以下条件：对于某一宏块的运动矢量，它周边宏块的运动矢量都可能是它的候选运动矢量；如果该宏块处于物体边界处，则它周边至少有一个宏块的运动矢量是它的理想候选矢量。

与全搜索运动估计相比，3DRS 获得的运动域是一个更接近真实运动场的运动矢量。3DRS 包括以下步骤：

步骤一：在关键帧 $\hat{X}_{2i-1}$ 和 $\hat{X}_{2i+1}$ 之间进行前向递归搜索，具有最小 SAD 值的参考块对应的运动矢量即为当前预测块的前向运动矢量 $\boldsymbol{V}_f$。

在进行递归搜索时，设关键帧 $\hat{X}_{2i+1}$ 为当前帧，$\hat{X}_{2i-1}$ 为参考帧，F_1 和 F_2 为参考帧 $\hat{X}_{2i-1}$ 中的初始参考块。F_3、F_4、F_5 和 F_6 为当前帧 $\hat{X}_{2i+1}$ 中的初始参考块。此 6 个候选预测参考块的位置如图 5 - 4 所示，其具体递归搜索过程如下：

（1）计算初始参考块 F_1 以及四个邻块与当前预测块的绝对误差

和（SAD），计算公式为

$$SAD = \sum_{(i,j)} |B_{预测块}(i,j) - B_{参考块}(i + MV_x, j + MV_y)| \quad (5-3)$$

将 SAD 值最小的块作为新的参考块并标为 F_1，重复上述过程直到 F_1 位置不变。

（2）对其他 5 个候选参考块 F_2、F_3、F_4、F_5 和 F_6 分别如（1）中所述，进行 SAD 值计算，找到新的参考块位置，此时认为 6 个候选预测分支都已聚合。

（3）在所有的分支都收敛后，获得 6 个分支的最小 SAD 值的块的运动矢量，此时，编码端只需要计算一个来自解码端的候选运动矢量，具有最小 SAD 值的参考块对应的运动矢量即为当前预测块的前向运动矢量，即为 V_f。

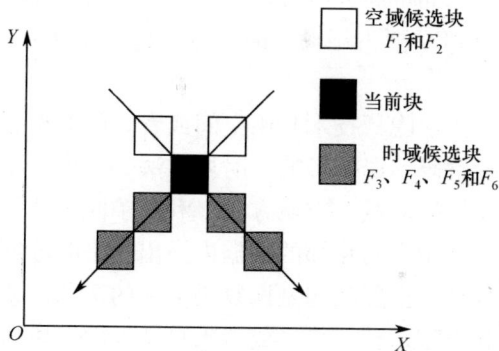

图 5-4　三维递归搜索运动方法的空间与时间预测块的
相对位置示意图

步骤二：在关键帧 $\hat{X}_{2i-1}$ 和 $\hat{X}_{2i+1}$ 之间进行后向递归搜索，关键帧 $\hat{X}_{2i+1}$ 为参考帧，$\hat{X}_{2i-1}$ 为当前预测帧，通过递归搜索得到预测块的后向运动矢量 V_b。

后向递归搜索过程与前向递归搜索过程完全一致，与前向递归搜索不同的是，此时关键帧 $\hat{X}_{2i+1}$ 为参考帧，$\hat{X}_{2i-1}$ 为当前预测帧。

步骤三：在获得了前向运动矢量和后向运动矢量后，基于连续帧运动矢量平滑的假设，按照下式计算处于可信度较低区域的边信息宏块的新运动矢量，即

$$V = \frac{V_f + V_b}{2} \qquad\qquad (5-4)$$

5.4.2 基于时空的边界匹配算法

5.4.2.1 错误隐藏技术发展现状

尽管视频编码标准 H. 261/263/264 和 MPEG – 1/2/4 可以实现良好的压缩性能，但是压缩后的视频信号也很容易受到传输信道的影响，产生传输错误。一个丢包甚至一个比特错误就可以使整个片不能正确解码，这将严重降低接收到的视频序列的主观质量。近年来采用了很多技术来解决这个问题。与其他机制相比，如 FEC、自动重传请求（Automatic Retransmission request，ARQ），错误隐藏技术有其独特的优势，既不像 FEC 要占用额外的带宽，也不像 ARQ 技术那样产生重传延迟。

现有的许多错误隐藏技术利用空间或者时间上相邻的数据之间的内在关系以减轻解码错误的影响。时域方法，利用了相邻帧之间的时间相关性恢复丢失的区域。空域方法，利用了同一帧中相邻像素之间的空间相关性，它用空间相邻的数据内插出丢失的数据。

这种技术解决的重要问题是恢复丢失块的运动信息。单纯的时域错误隐藏方法利用零运动矢量，或者来自缺失的宏块的空间相邻块运动矢量的平均值或者中值进行运动补偿。文献［23］提出了一个基于边界匹配算法（Boundary Matching Algorithm，BMA）的时域错误隐藏技术。首先分析正确获取到的宏块的运动矢量。如果相邻的运动矢量的平均值足够小，那么通过把在参考帧中同一位置的块复制过来，损坏的宏块可以被成功隐藏。或者，损坏的宏块的运动矢量，可以根据宏块在空间上相邻位置处的运动矢量预测。两种方案中哪一种更好，是根据重建的图像的平滑度判定的。在文献［24］中，外部边界匹配算法使用了一个外部边界匹配误差作为匹配误差准则，它评估了缺失的宏块的外部像素边界和候选的替代宏块的相同的像素边界的 SAD。

空域错误隐藏算法使用简单的空间双线性内插理论，很少能够达到很高视频质量，这是因为内插方法不能够恢复明显的图像边缘。

空域错误隐藏技术主要依赖于数据内在的空间平滑性。文献［25］充分利用图像的平滑特征，提出一种基于二阶偏导数的方法恢复损坏的宏块。文献［26］提出了基于分类的隐藏方法，考虑了不同空间方法的性能优势。

上述方法相对简单，为了更好地估计丢失的运动矢量，研究人员也提出了一些较为复杂的方法。例如，Zheng 等提出了用拉格朗日内插公式来恢复丢失的运动矢量；Lie 和 Gao 通过动态规划进行联合优化整片的边界失真而找到失去的运动矢量。为了减少复杂性，他们采用了基于自适应卡尔曼滤波算法的次优化方案。文献［29］提出了一种优先级驱动的区域匹配算法，它充分利用了空间和时间的信息。Atzori 等提出了一个隐藏方案，首先用 BMA 取代丢失块，接下来使用基于网格的程序将宏块更好地融入周围的正确解码块。

5.4.2.2 边界匹配算法

经典的边界匹配算法是从候选运动矢量集恢复丢失的运动矢量，选择的准则是使重建宏块的内外边界的匹配失真 D_{sm} 最小。D_{sm} 定义为参考帧的候选块的内边界和当前帧丢失块的外边界像素的 SAD，即

$$
\begin{aligned}
\boldsymbol{D}_{sm} = {} & \frac{1}{(w_{\mathrm{N}} + w_{\mathrm{S}} + w_{\mathrm{W}} + w_{\mathrm{E}})M} \times \\
& \Big[w_{\mathrm{N}} \sum_{k=0}^{M-1} \left| X_n(x+k, y-1) - X_{n-1}(x+\mathbf{mv}_x+k, y+\mathbf{mv}_y) \right| + \\
& w_{\mathrm{S}} \sum_{k=0}^{M-1} \left| X_n(x+k, y+M) - X_{n-1}(x+\mathbf{mv}_x+k, y+\mathbf{mv}_y+M-1) \right| + \\
& w_{\mathrm{W}} \sum_{k=0}^{M-1} \left| X_n(x-1, y+k) - X_{n-1}(x+\mathbf{mv}_x, y+\mathbf{mv}_y+k) \right| + \\
& w_{\mathrm{E}} \sum_{k=0}^{M-1} \left| X_n(x+M, y+k) - X_{n-1}(x+\mathbf{mv}_x+M-1, y+\mathbf{mv}_y+k) \right| \Big]
\end{aligned}
$$

$$(5-5)$$

式中：X_n 为当前帧；X_{n-1} 为相应的参考帧；N，S，W，E 分别为四个方面的缩写，如图 5-5 所示；M 为宏块的大小；(x, y) 为当前丢失块左上角像素的坐标值；$(\mathbf{mv}_x, \mathbf{mv}_y)$ 为候选运动矢量，它可以是零运动矢量，或者是相邻块的运动矢量。如果北侧相邻宏块是可用的，

则 $w_N = 1$；否则，$w_N = 0$。w_S，w_W，w_E 的取值与 w_N 类似。使得 D_{sm} 最小的运动矢量即是重建块的运动矢量。

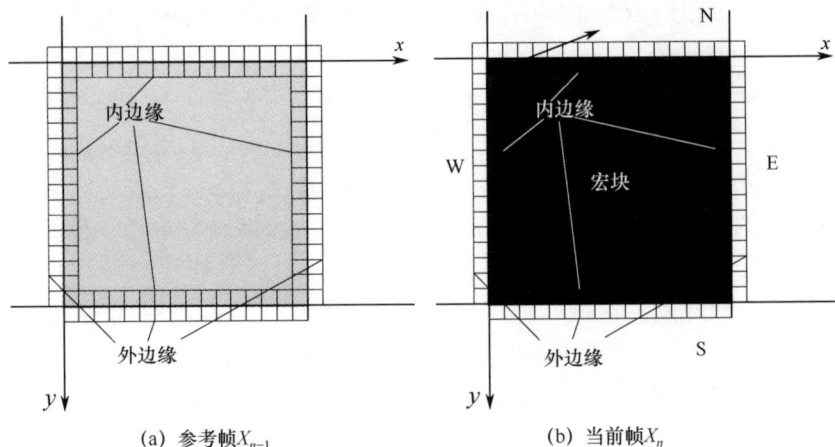

(a) 参考帧 X_{n-1}　　　　　　　(b) 当前帧 X_n

图 5-5　边界匹配关系示意图

5.4.2.3　时空边界匹配算法

在边信息的精化模块中，重建 X_{2i}^1 后，在解码端，与 X_{2i}^2 相邻块的值就从未知变成了已知。通过已知信息，采用 BMA 算法可以对 X_{2i}^2 进行运动补偿精化。然而一般的 BMA 只考虑了空间的平滑性，本章采用时空边界匹配算法用来获取精确的运动矢量。由于相邻的视频信号在时域和空域都具有很强的相关性，选择最佳候 **MV** 的合理准则就是，这个 **MV** 是否能保证视频信号在时空域的平滑性。因此本章提出了一个新颖的边界匹配失真函数，它的设计充分考虑了时空域的连续性。通过最小化失真函数，选择用于运动补偿精化的 MV。首先，计算出参考帧中参考宏块的梯度场，然后，通过最小化重建块和参考块的梯度场差异来优化重建效果，进而能够取得较好的边信息质量。

时空边界匹配算法充分运用了时间和空间的平滑性，来获取精确的运动矢量，以达到精化边信息的目的。该算法定义了一个描述时间和空间平滑特性的失真函数，失真因素由空间失真和时间失真两个因素决定。失真函数定义为

$$D_{\text{ST}} = \sum_{i=1}^{16} \alpha \times D_{\text{ST}}^{\text{spatial}}(i) + (1 - \alpha) \times D_{\text{ST}}^{\text{temporal}}(i) \qquad (5-6)$$

式中：α 为一个权重参数，取 $0 \sim 1$ 间的一个实数。

如图 $5-6$ 所示，$D_{\text{ST}}^{\text{temporal}}$ 和 $D_{\text{ST}}^{\text{spatial}}$ 定义为

$$\begin{cases} D_{\text{ST}}^{\text{temporal}}(i) = \dfrac{1}{16} \sum_{j=1}^{16} | \hat{Z}(\mathbf{MV}^{\text{cn}})_j^{\text{OUT}}(i) - Z_j^{\text{OUT}}(i) | \\ D_{\text{ST}}^{\text{spatial}}(i) = \dfrac{1}{16} \sum_{j=1}^{16} | \nabla(\nabla^2 Z_j^{\text{IN}}(i)) \cdot \vec{n}_j(i) | \cdot k_j(i) \end{cases}$$

式中：$\vec{n}_j(i) = \dfrac{\nabla^\perp Z_j^{\text{IN}}(i)}{| \nabla^\perp Z_j^{\text{IN}}(i) |}$，$\nabla^\perp = \left[-\dfrac{\partial.}{\partial y}, \dfrac{\partial.}{\partial x} \right]$ 是运算符，其方向与梯

度方向正交；$k_j(i) = \dfrac{\nabla Z_j^{\text{IN}}(i)}{| \nabla(\Delta Z_j^{\text{IN}}(i)) |}$；$\mathbf{MV}^{\text{cn}}$ 为候选运动矢量；

$\hat{Z}(\mathbf{MV}^{\text{cn}})_j^{\text{OUT}}$ 为参考帧 OUT 预测块边界的第 j 个值；Z_j^{IN} 和 Z_j^{OUT} 分别为

当前帧中 IN – 块和 OUT – 块边界的第 j 个 Z 值；$k_j(i)$ 为一个比例因

子；$\vec{n}_j$ 为 IN – 块的第 j 个边界像素的方向；$\nabla = \left[\dfrac{\partial.}{\partial x}, \dfrac{\partial.}{\partial y} \right]$ 为梯度算子；

$\nabla^2 = \dfrac{\partial^2 .}{\partial^2 x} + \dfrac{\partial^2 .}{\partial^2 y}$ 为拉普拉斯算子。

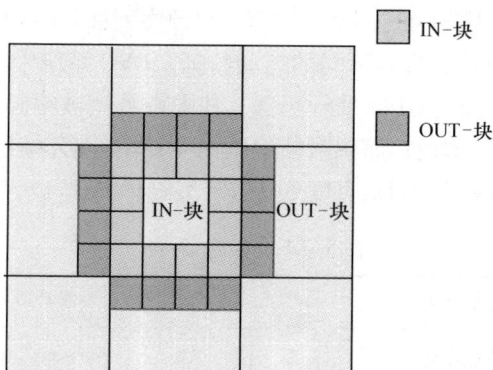

图 $5-6$　时空边界匹配方法运动补偿块示意图

按照下面公式计算

$$| \nabla^\perp Z(i,j) | = | \nabla Z(i,j) | = \sqrt{\left[\frac{\partial Z(i,j)}{\partial x} \right]^2 + \left[\frac{\partial Z(i,j)}{\partial y} \right]^2}$$

式中

$$\frac{\partial Z(i,j)}{\partial x} = \frac{Z(i+1,j) - Z(i-1,j)}{2}$$

$$\frac{\partial Z(i,j)}{\partial y} = \frac{Z(i,j+1) - Z(i,j-1)}{2}$$

$$\frac{\partial^2 Z(i,j)}{\partial^2 x} = Z(i+1,j) + Z(i-1,j) - 2Z(i,j)$$

$$\frac{\partial^2 Z(i,j)}{\partial^2 y} = Z(i,j+1) + Z(i,j-1) - 2Z(i,j)$$

$D_{\text{ST}}^{\text{temporal}}$ 是用来度量候选 **MV** 时间连续性的, $D_{\text{ST}}^{\text{temporal}}$ 的值小表示候选 **MV** 的时间连续性比较好。$D_{\text{ST}}^{\text{spatial}}$ 是用来度量候选 **MV** 的空间连续性的, $D_{\text{ST}}^{\text{spatial}}$ 的值小表示候选 **MV** 的空间连续性比较好。候选 **MV** 包括零矢量、参考帧的联合定位 **MV** 以及相邻块的 **MV**。使得失真 D_{ST} 最小的 **MV** 即是最终的用于边信息运动补偿精化的运动矢量。

5.5　实验结果与分析

本节仿真实验条件如表 5-1 所列, 分别选用标准视频序列库中 Foreman 和 News 序列进行测试, 这两个视频序列都采用 CIF (352 ×288) 格式, 帧率为 30f/s, 具有不同的运动特征。DVC 系统中, GOP = 2。取每个视频序列中的前 60 帧进行测试, 其中奇数帧被编码为关键帧, 用 H.264 进行帧内编解码; 而偶数帧编码为 WZ 帧, WZ 帧划分为 4 ×4 大小的宏块。仿真实验中只对亮度分量进行编码。

表 5-1　实验条件

参数名称	参数值
测试序列	Foreman、News
图像格式	CIF (352 ×288)
帧数	60
GOP 大小	2

用于与提出方案做比较的算法为文献［1］和文献［32］所提到的系统架构，都是基于变换域的 DVC 系统。本节中的算法 1 对应文献［1］的方案，算法 2 对应文献［32］的方案。所提出的方案中，时空边界匹配算法中的权值参数 α 经实验验证设定为 0.5。

表 5 - 2 列出了 set2 的边信息的 PSNR。关键帧编解码的量化参数 QP 分别设置为 28、30、32。从表中可以看出，本章提出的算法与算法 1 相比产生了 0.3 ~ 1.4dB 的增益，与算法 2 相比产生了 0.1 ~ 0.4dB 的增益。从仿真结果可以看出，增益的大小与测试序列有着直接的关系。News 序列，本章提出的算法与算法 1 相比，PSNR 值提高了高达 1.4dB。

表 5 - 2   set2 的边信息的 PSNR

算法	Foreman			News		
	QP = 28	QP = 30	QP = 32	QP = 28	QP = 30	QP = 32
算法 1	33.8	33.0	32.3	35.9	35.2	34.6
算法 2	34.5	33.5	32.9	37.1	36.2	35.5
本章算法	34.9	33.7	33.2	37.3	36.3	35.7

同时对系统的率失真性能进行了测试。图 5 - 7 和图 5 - 8 给出了两个测试序列的率失真曲线。从图中可以看出，整体来讲，本章提出的算法优于算法 1 和算法 2。Foreman 序列属于中等运动复杂度，在低码率区间，同等码率下，本章提出的算法能够取得较好的重建帧质量，比算法 2 的 PSNR 值高出 0.5dB；在高码率区域，本章提出的算法和算法 2 系统性能相当，但是与算法 1 相比，系统 PSNR 值高出约 0.4dB。

图 5 - 8 中 News 序列运动较为简单缓慢，在低码率区间，本章提出的算法与两种算法相比，系统 PSNR 值略有降低；在高码率区域，本章提出的算法与算法 2 相比，性能改善不是很明显，PSNR 值略高于算法 2，但与算法 1 相比，PSNR 值改善能高达 0.8dB。因此，基于棋盘分类的思想引入 WZ 帧的编码，同时在解码端对边信息采用运动补偿精化方法，提高了系统的性能，通过仿真得到了验证。

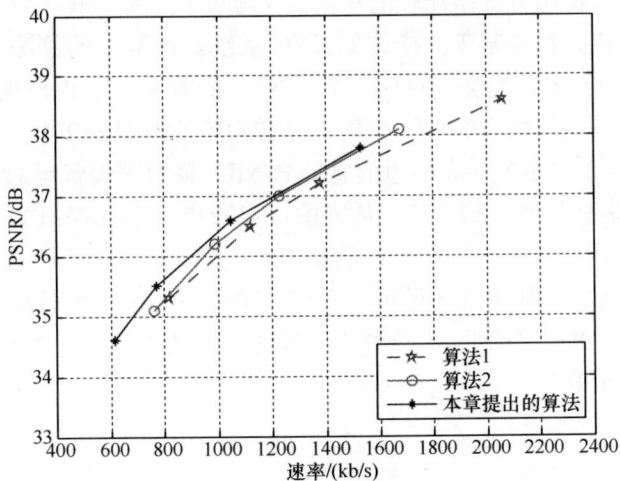

图 5 – 7 Foreman 序列的 RD 性能

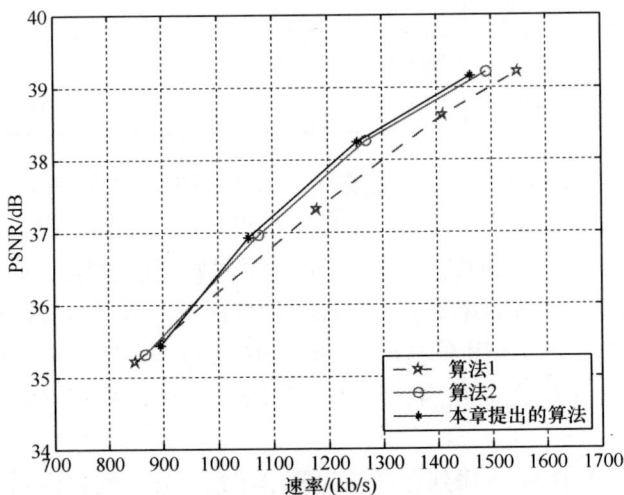

图 5 – 8 News 序列的 RD 性能

5.6 本 章 小 结

本章首先对改进的各种 DVC 方案的研究进展做了概述，接着对本章要采用的传统 DVC 编解码过程做了比较详细的介绍，然后提出了基于棋盘分类的 DVC 编解码系统。在编码端，WZ 帧按照棋盘格式分成两部分进行独立编码。在解码端，采用 3DRS 运动估计运动补偿算法产生初始边信息，进而重建 WZ 帧的第一部分，接着用 STB-MA 算法对 WZ 帧的第二部分对应的边信息进行运动补偿精化，辅助解码 WZ 帧，最终得到较好的 WZ 重建帧。仿真实验表明，与传统的 DVC 系统相比，本文提出的算法在没有增加编码端复杂度的情况下，虽然增加了一些解码延迟，但是提高了系统的率失真性能。

基于棋盘格式的分类方法在一定程度上限制了系统性能的提高程度，研究更灵活的分类方法和多参考帧预测方法以进一步改善 DVC 的性能，是今后该领域的一个方向。

参 考 文 献

[1] Aaron A, Rane S, Setton E, et al. Transform – domain Wyner – Ziv codec for video [C]. SPIE Conference on Visual Communications and Image Processing, 2004: 520 – 528.

[2] Puri R, Ramchandran K. PRISM: a new robust video coding architecture based on distributed compression principles [C]. Allerton: Annual Allerton Conference on Communication, Control and Computing, 2002.

[3] Chien W J, Karam L. BLAST – DVC: Bit – plane Selective distributed video coding [J]. Multimedia Tools and Applications, 2010, 48 (3): 37 – 456.

[4] Belkoura Z, Sikora T. Improving Wyner – Ziv video coding by block – based distortion estimation [C]. European Signal Processing Conference, 2006.

[5] Feng Ying, Li Yunsong, Wu Chengke, et al. Coding scheme with skip mode based on motion filed detection for DVC [C]. Processings of SPIE – the International Society for Opitical Engineering, 2008.

[6] Mys S, Slowack J, Škorupa J, et al. Introducing skip mode in distributed video coding [J]. Signal Processing: Image Communication, 2009, 24 (3): 200 – 213.

[7] Chien W J, Karam L, Abousleman G. Block – adaptive wyner – ziv coding for transform – domain distributed video coding [C]. IEEE International Conference on Acoustics, Speech and Signal Processing, 2007.

[8] Do T, Shim H J, Jeon B. Motion linearity based skip decision for Wyner – Ziv coding [C]. International Conference on Computer Science and Information Technology, 2009.

[9] Trapanese A, Tagliasacchi M, Tubaro S, et al. Embedding a block – based intra mode in frame –

based pixel domain Wyner – Ziv video coding [C]. International Workshop on Very Low Bitrate Video, 2005.

[10] Tagliasacchi M, Trapanese A, Tubaro S, et al. Intra mode decision based on spatio – temporal cues in pixel domain Wyner – Ziv video coding [C]. IEEE International Conference on Acoustics, Speech and Signal Processing, 2006.

[11] Tsai D C, Lee C M, Lie W N. Dynamic key block decision with spatio – temporal analysis for Wyner – Ziv video coding [C]. IEEE International Conference on Image Processing, 2007.

[12] Ascenso J, Pereira F. Low complexity intra mode selection for efficient distributed video coding [C]. International Conference on Multimedia and Expo, 2009: 101 – 104.

[13] Esmaili G, Cosman P. Low complexity spatio – temporal key frame encoding for Wyner – Ziv video coding [C]. Data Compression Conference, 2009.

[14] Benierbah S, Khamadja M. Hybrid Wyner – Ziv and intra video coding with partial matching motion estimation at the decoder [C]. IEEE International Conference on Image Processing, 2009: 2925 – 2928.

[15] Tekalp A M. Digital Video Processing [M]. Englewood : Prentice – Hall, 1995.

[16] Koga T, Iinuma K, Hirano A, et al. Motion compensated interframe coding for video conferencing [C]. Proceedings of the National Telecommunications Conference, 1981: 961 – 965.

[17] Po L, Ma W. A novel four – step search algorithm for fast block motion estimation [J]. IEEE Transactions on Circuits and Systems for Video Technology, 1996, 6 (3): 313 – 317.

[18] Li R, Zeng B, Liou M. A new three – step search algorithm for block motion estimation [J]. IEEE Transactions on Circuits and Systems for Video Technology, 1994, 4 (4): 438 – 442.

[19] Liu L, Feig E. A block – based gradient descent search algorithm for block motion estimation in video coding [J]. IEEE Transactions on Circuits and Systems for Video Technology, 1996, 6 (4): 419 – 422.

[20] Cheung C, Po L. A novel cross – diamond search algorithm for fast block motion estimation [J]. IEEE Transactions on Circuits and Systems for Video Technology, 2002, 12 (12): 1168 – 1177.

[21] Cheung C, Po L. A novel small – cross – diamond search algorithm for fast video coding and video conferencing applications [C]. IEEE International Conference on Image Processing, 2002: 681 – 684.

[22] Chien W J, Lina J K, Glen P A. Distributed video coding with 3 – D recursive search block matching [C]. Puerto Rico: IEEE International Symposium on Circuits and Systems, 2006.

[23] Wang Y K, Hannuksela M M, Varsa V, et al. The error concealment feature in the H. 26L test model [C]. IEEE International Conference on Image Processing, 2002: 729 – 736.

[24] Agrafiotis D, Bull D R, Canagarajah C N. Enhanced error concealment with mode selection [J]. IEEE Transactions on Circuits and Systems for Video Technology, 2006, 16 (8): 960 – 973.

[25] Zhu W, Wang Y, Zhu Q F. Second – order derivative – based smoothness measure for error concealment in DCT – based codecs [J]. IEEE Transactions on Circuits and Systems for Video Technology, 1998, 8 (6): 713 –718.

[26] Ye S, Lin X, Sun Q. Content based error detection and concealment for image transmission over wireless channel [J]. Bangkok: IEEE International Symposium on Circuits and Systems, 2003, 2 (5): 368 –371.

[27] Zheng J H, Chau L P. A temporal error concealment algorithm for H. 264 using Lagrange interpolation [C]. IEEE International Symposium on Circuits and Systems, 2004: 133 – 136.

[28] Lie W N, Gao Z W. Video error concealment by integrating greedy suboptimization and Kalman filtering techniques [J]. IEEE Transactions on Circuits and Systems for Video Technology, 2006, 16 (8): 982 –992.

[29] Chen Y, Sun X, Wu F, et al. Spatio – temporal video error concealment using priority – ranked region – matching [C]. IEEE International Conference on Image Processing, 2005: 1050 – 1053.

[30] Atzori L, De N, F. G. B, et al. A spatio – temporal concealment technique using boundary matching algorithm and mesh – based warping (BMA – MBW) [J]. IEEE Transactions on Multimedia, 2001, 3 (3): 326 –338.

[31] Wyner A, Ziv J. The rate – distortion function for source coding with side information at the decoder [J]. IEEE Transactions on Information Theory, 1976, 22 (1): 1 – 10.

[32] Hongbin Liu, Xiangyang Ji, Debin Zhao, et al. Distributed Video Coding using block based checkerboard pattern splitting algorithm [C]. Lisbon: Picture Coding Symposium, 2007.

第 6 章

面向视频监控的分布式视频编码

6.1 引　言

　　视频监控作为加强公共安全和保护隐私方面的重要的工具，被部署在机场、火车站、地铁站、城市中心和重要体育赛事等涉及国土安全的场合。在 2005 年 6 月的伦敦地铁爆炸事件中，监控摄像机成功地捕捉到了嫌疑犯的照片。而最近一次针对伦敦的恐怖袭击被有效阻止，也离不开政府在市区布设的成千上万的摄像头。在银行、自动柜员机（ATM）、超市和停车场等地点，同样布设了大量的摄像头。

　　图 6 – 1 是视频监控系统的基础框图。视频监控系统由用户端和服务器端组成。在用户端，视频由监控摄像机采集，这些摄像机可以是模拟的，也可以是数字的。当然，由于跟踪和分析物体更加便捷，数字捕捉的方法正变得越来越普遍。拍摄后的画面被送到服务端做进一步处理，如物体检测、行为跟踪和内容分析等。在小型的视频监控系统中，这些工作全部交给保安就可以了，他只需要坐在满是显示器的房间里，监视每一幅画面。此时，人为的误差是难以避免的。此外，对于大型的视频监控系统，这种方法的性价比和它的效率一样低。法院在确认嫌疑犯时，同样离不开视频监控系统。这些应用要求将一段时间的视频数据存储起来，用于自动分析及未来的某种用途。存储未经处理的采集视频，成本很大。举例来讲，一个 VGA（分辨率为 640×480，采样格式为 4:2:0）的摄像机，每秒生成 24 帧图像，那么每秒就需要 10MB 的存储空间。仅仅一个摄像头，一天的数据量

就超过了1TB。尽管存储器的价格一直在下跌，这种开销仍然是不可接受的。

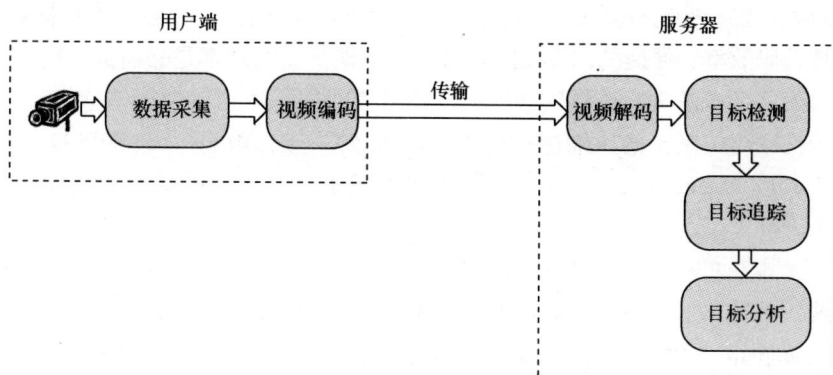

图 6 - 1　视频监控系统基础框图

此外，新一代的视频监控系统更加智能化，能自动分析输入数据并发现可疑的行为。这里用到了快速物体检测和异常内容的辨认。由于监控视频中大部分景物是静止的，普遍的运动检测方法都是从数据中提取运动场和运动矢量，并进一步分析以发现可疑物体。确认物体后，系统根据训练后的统计模型，跟踪物体的运动轨迹。跨帧的轨迹跟踪就要沿着序列匹配物体的特征。卡尔曼滤波器、粒子滤波器和隐性马尔可夫模型的滤波器是比较常用的跟踪方法。完成了轨迹跟踪，系统就能分析物体的行为，并发出实时的警报。关于物体跟踪、行为监控和内容分析，也有许多扩展研究。处理和分析的工作，通常由配备了高性能服务器的数据处理中心完成。这些服务器远离摄像头，并且能够同时分析若干摄像头采集的信息。因此，捕获的数据需要在无线或有线的可靠网络中实时地传输。这将是比存储问题更严峻的考验。

视频压缩能够在低失真的情况下减小数据量。如果能找到高效低失真的压缩、传输、存储数据的方法，就能布设大规模的终端监控摄像机。这样，监控系统的效率和准确性都能得到提高。在视频监控系统中，编码器被集成在简单的摄像头中，而每个监控系统都有很多这样的摄像头。另一方面，就像在前面提到的那样，信息处理中心的中央服务器有很强的计算能力，它们负责视频的解码和分析。这种编解码端的不对称特性，在其他的视频压缩应用中很难找到，因此，视频监控系统需要一些特殊的设计处理。对于一个好的视频监控压缩方法来说，高编码效率、便捷的内容访问、良好的错误恢复机制都是必需的。同时，由于监控摄像头的数量极其庞大，其内置的编码器当然越简单越好。用于视频监控系统的压缩标准有 JPEG、MPEG-1、MPEG-2、MPEG-4、H.261、H.263 和 H.264/AVC。目前普遍使用的是最具有代表性的 H.264/AVC。

本章的研究目标是找到满足以上要求的视频压缩算法，把 INTER 编码的高效性和 INTRA 编码的低复杂度完美地结合起来。在摄像头位置固定（角度可变）的视频监控系统中，视频序列是有一定特点的。视频序列中的背景部分是固定不变或者缓慢移动的，人们更多关注的是视频序列中出现的运动物体。本章针对视频监控应用场景，结合分布式视频编码的思想，提出了一种低延迟的分布式视频编码方案。

6.2 节介绍了已有的几种面向视频监控的 DVC 方案；6.3 节描述了本章提出的 DVC 方案，并详细介绍了所提方案中的两个关键模块算法；6.4 节通过实验分析了算法的性能；6.5 节是本章的工作总结。

6.2　面向视频监控的分布式视频编码

面向监控视频的编码系统已经被许多学者研究。在文献［5］中，作者提出了一种基于视频内容分类和可分层的压缩算法的分布式视频监控方案。在文献［6］中，作者提出了一个后向信道感知的分布式视频编码方法，它在保持编码器的低编码复杂度的同时，提高了 DVC 系统的编码效率。文献［7］提出了一种背景帧辅助编码的 DVC 方案。每组 GOP，总是先利用一个高质量的背景帧来辅助 WZ 帧的解码，从而提高了编码效率。文献［8］中，作者提出一种低延迟的分布式编码方法。为了得到精确的边信息，采用自回归模型与传统的边信息外推结果相融合，获得了较好的率失真性能。Antóno 等提出了一个高效的低延迟 DVC 系统，它是基于斯坦福的 DVC 框图，并采用一中基于外推的边信息迭代精化方法。通过边信息迭代方案和改进的相关噪声模型，提高了系统性能。当前大多数的 DVC 系统在编码器端通常只采用单一的编码模式（也就是 WZ 编码）来编码整个 WZ帧。在文献［10］中，作者提出了一个基于块的 DVC 编码，从三种编码模式中选择一种来编码 WZ 帧，即 INTRA 模式、WZ 模式或者SKIP 模式。众所周知，运动剧烈的视频图像并不会在监控系统中频繁出现。鉴于监控视频的内容一般是静止的这一特点，即特别被关注的感兴趣区域只占很小的一部分。基于此，本章采用两种模式来编码WZ 帧，即 WZ 模式和 SKIP 模式。

在 DVC 中，最大的挑战是在解码器段产生精确的边信息。一般来说，多采用运动补偿内插法来生成边信息。利用两个已知的帧进行估测生成边信息，即过去的帧和即将到来的帧。既然有一个是将来时刻的帧，就涉及系统时延。在实际监控中，通常要求实时的编码。为了满足低延迟的要求，本章采用一种基于外推的边信息产生的方法。采用这种方法时，边信息的估计是通过从过去时刻预测未来时刻解码出来的帧，并不要求获取未来帧，因此避免了系统的延迟。

下面介绍几种现有的面向视频监控的 DVC 框图。

6.2.1　反向信道感知的分布式视频编码

刘利敏提出的低复杂度编码的监控视频编码系统如图 6 - 2 所示。

兼顾计算复杂度和编码效率，该系统采用反向信道运动估计编码关键帧。在传统的 DVC 系统中，WZ 帧的解码需要已解码的关键帧的信息，因此，通常采用帧内编码提高关键帧的估计质量，进而提高WZ 帧的质量。如果增加相邻的关键帧的距离，将会导致较低的编码效率。大多数 WZ 编码器对 WZ 帧以外的所有其他帧采用帧内编码。然而，帧内编码的频繁使用也降低了编码效率和帧内编码帧的质量。在相同的速率情况下，这也导致了边信息的质量下降。

为了解决这个问题，本方案采用了反向信道运动估计编码关键帧。反向信道的主要思想是在解码端进行运动估计，并将运动信息通过反向信道送回编码端。借助从解码端传来的运动矢量提高关键帧的编码效率，并在不增加编码复杂度的情况下也提高了单边估计的质量。将一个序列的第一帧和第三帧定义为帧内编码，其他所有奇数帧采用反向信道运动估计编码。反向预测编码（Backward Predictively Coded Frames）帧称为 BP 帧。所有偶数帧编码为 WZ 帧。方案中 BP 帧定义了两种运动矢量，编码端采用 MSE 或者 SAD 进行模式判决，选择最佳的匹配矢量。然后将模式判决结果连同残差帧的变换系数一起传回到解码端。反向信道 WZ 编码方案提供了一种有效的关键帧编码方法。在保持编码复杂度基本不变的情况下，解码复杂度有小幅度的增加。实验结果表明，与帧内编码相比，在保持相同的编码复杂度的条件下，反向信道估计方案取得了较高的编码效率。

　　该方案满足了监控视频内容的运动缓慢特性和低复杂度编码的需求。提高关键帧的编码效率，虽然在一定程度上能够提高 DVC 系统性能。但是 WZ 帧的编解码仍然采用传统的 DVC 方式，边信息采用内插方法获得，因此增加了系统延迟。

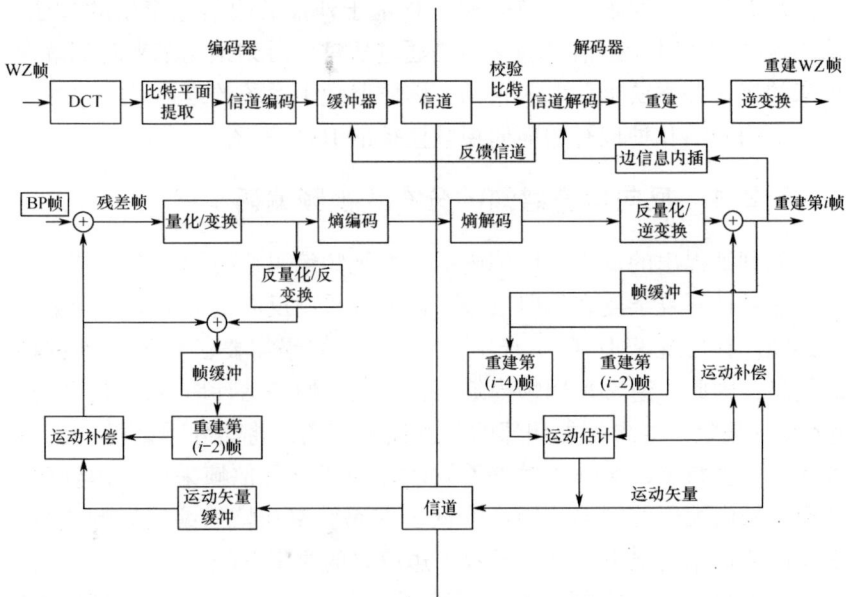

图 6-2　后向信道感知的 DVC 系统框图

6.2.2　背景帧辅助编码的分布式视频编码

　　由哈尔滨工业大学刘鸿彬提出的背景帧辅助编码的 DVC 系统框

图如图 6 - 3 所示。此方案是针对监控系统提出的一种编码方案。从图 6 - 3 可以看出，在每个 GOP 中，编码关键帧和 WZ 帧的同时，对一个高质量的背景帧也进行了编码。关键帧采用 H. 264 帧内编码，而背景帧采用 H. 264 的零运动模式（zero motion mode）进行编码，从而节省了码流。除了传统意义上仅在解码端出现的边信息，已解码的背景帧在编码端和解码端都作为二次边信息加以利用。

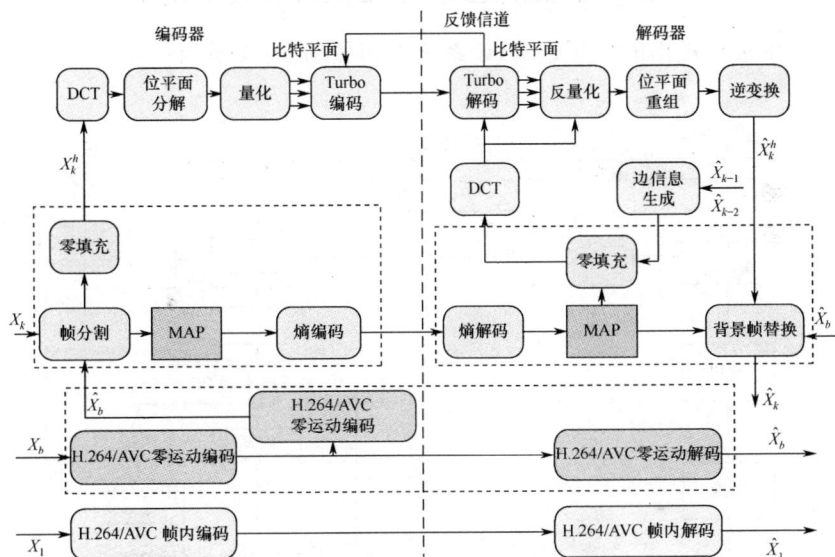

图 6 - 3　背景帧辅助编码的 DVC 系统框图

在监控应用中，背景不会频繁的发生变化。因此，高质量的背景帧可以为 WZ 帧的背景部分提供一个高质量的边信息。与参考帧的宏块相比，"背景"中的变化不大的块可以不进行编码。基于此，WZ 帧的编码分两步进行。首先，将 WZ 帧 X_k 分成两部分，即 WZ 部分和 SKIP 部分。用 0 填充 X_k 的 SKIP 部分形成新的混合帧 X_k^h。X_k^h 用传统的 DVC 编码，不过 Turbo 编码器进行了改进以适应 X_k^h 的特性。同时，WZ 帧的编码模式图经过熵编码后传送到解码端。这里，采用简单的游程编码器编码模式图。在解码端，先解码模式图以分辨出 WZ 帧的 SKIP 部分。然后，边信息中相应的 SKIP 部分置 0。混合帧 X_k^h 用传统的 DVC 解码，重建后的 X_k^h 表示为 $\hat{X}_k^h$，如图 6 - 2 所示。最后，

X_k^h 的 SKIP 部分用背景帧相应的部分代替，完成 WZ 帧的重建。

本方案取一个训练序列中所有帧的平均值作为背景帧，且 WZ 帧模式的判决与背景帧的选取紧密相关。对 WZ 帧编码的同时，还需要额外传送背景帧的信息。虽然背景帧在解码端辅助生成质量较好的边信息，但是增加了编码端的复杂度。

6.2.3 基于自回归模型的低延迟分布式视频编码

张永兵提出的低延迟 DVC 系统框图如图 6-4 所示。

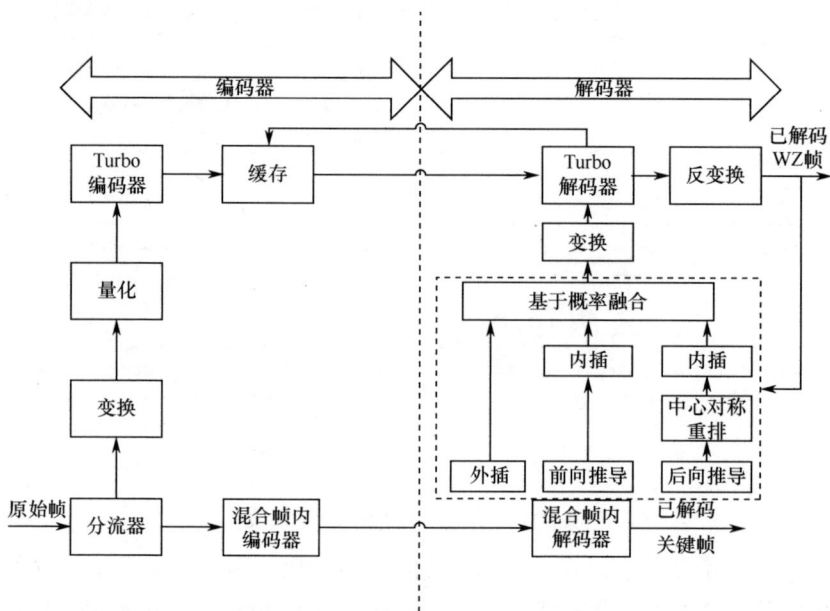

图 6-4 基于自回归模型的 DVC 系统框图

基于自回归模型的低延迟 DVC 方案与传统的 DVC 一样，在编码端，视频序列分为 WZ 帧和关键帧。关键帧使用 H.264/AVC 帧内编码。WZ 帧经过 DCT 后，再均匀量化。比特平面发送到 Turbo 编码器后，从最重要的比特平面开始编码，并且生成相应的校验比特暂存在缓存器中。在解码端，边信息由自回归模型产生，主要有三个模块组成：传统的外推模块和两个自回归系数集合的内插。在外推方法中，通过对重建帧 $t-1$ 和 $t-2$ 进行运动估计，可以衍生出当前 WZ 帧 t

内每一个宏块的运动信息。自回归模型的第一个系数集合通过正向推导计算得出。在正向推导过程中，重建帧 $t-1$ 中的每一个像素值近似等于重建帧 $t-2$ 中相应的窗内像素的线性加权和。基于最小均方算法，得出最佳的系数集合。第二个系数集合通过逆向推导计算得出，再将系数按照中心对称特性进行重组。在逆向推导过程中，重建帧 $t-2$ 中的每一个像素值近似等于重建帧 $t-2$ 中相应像素的加权和。首先，根据逆向和正向推导的中心对称性，可以得出第二个系数集合；然后，两个系数集合分别用内插方法得出相应的边信息；最后，通过联合概率方法对三个模块进行融合，得到最终的边信息。

就 PSNR 值来讲，与传统的外推方法相比，该方法取得了较好的结果。此外，该系统方案减小了低延迟 DVC 和 H. 264/AVC 帧内编码器的性能差距，在某些场景甚至超越了 H. 264/AVC 帧内编码。但是该方案并没有考虑到低延迟 DVC 的应用场景的特点。

6.3 低延迟分布式视频编码

本节提出了一个新的面向视频监控的低延迟 DVC 编码方案。该方案的主要特点是：①在编码器端，WZ 帧的编码模式根据其时间和空间的相关性采用了一个新的判决准则进行编码模式选择；②解码端，提出了一种基于 Lucas - Kanade 算法的边信息外推生成方法，有效地提升了边信息的质量，也保证了该系统的低延迟特性。系统框图如图 6-5 所示。

在编码端，视频序列被分成关键帧和 WZ 帧。关键帧用 H. 264 帧内编码，WZ 帧用 Wyner - Ziv 编码。在 WZ 帧编码之前进行模式选择，来确定每一个宏块是采用 WZ 编码模式还是 SKIP 模式。在系统设计中，模式选择在编码端进行，并且模式信息同时发送到解码端。首先，SKIP 模式的宏块不会被编码，剩下的宏块都采用 WZ 模式编码；然后，它们经过变换和量化；最后，经过 LDPC 编码器后，并把校验位存储到一个缓冲器中。

在解码端，采用一种基于 Lucas - Kanade 算法的外推技术生成边信息。具体算法详见 6.3.2 节。WZ 帧用 LDPC 解码器解码，解码器利用从编码器缓存中的检验位和边信息进行解码。对于 SKIP 模式的宏块，在解码端直接用相应的边信息代替。为了获取一个质量可接受的重建帧，解码器依赖同步比特纠正信道错误。这是因为信源和 SI 之间的相关性在信道统计特性中起了决定性作用。这里假定相关噪声服从拉普拉斯分布。

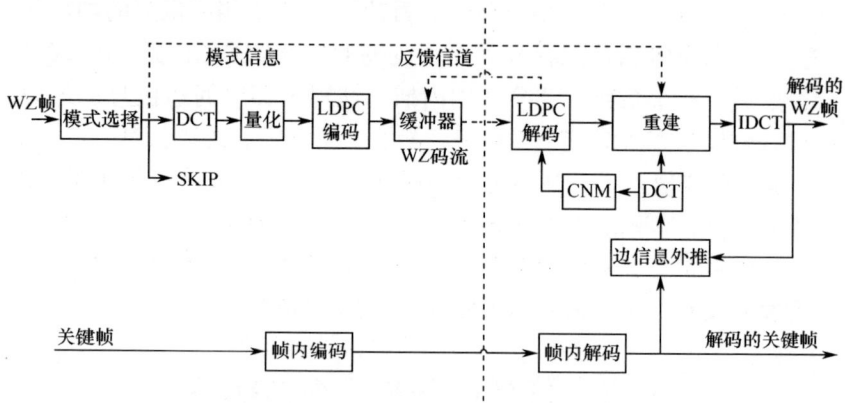

图 6-5　提出的 DVC 系统框图

6.3.1　模式判决

本节主要介绍编码器端的 WZ 帧的编码模式判选择过程。为了决定每一个宏块是使用 WZ 编码模式还是 SKIP 模式，在编码器缓存中存储参考帧 (X_{re1}, X_{re2})。考虑到复杂性的限制，通常计算 WZ 帧中的宏块和在两个参考帧中的对应位置的宏块的 SAD。下面的方程是一种在当前帧和参考帧之间的时域相关性计算方法：

$$\mathrm{SAD}_{re1}^{T}(k) = \sum_{(x,y)\in k} |X_{re1}(x,y) - X_n(x,y)| \tag{6-1}$$

$$\mathrm{SAD}_{re2}^{T}(k) = \sum_{(x,y)\in k} |X_{re2}(x,y) - X_n(x,y)| \tag{6-2}$$

然而，当前帧在空间上有更多的相关性。这里，除了时域相关性，也考虑了空间相关性。在 WZ 帧中，使用当前宏块的像素值和其在该帧中 3 个相邻块（A，B，C）的对应位置的中值计算 SAD 值，作为对其空间相关性的描述。采用中值的原因是它体现了对当前像素最接近的值。

$$\mathrm{SAD}^{S}(k) = \sum_{(x,y)\in k}\left|X_{n(i,j)}(x,y) - \mathrm{median}(A,B,C)\right| \quad (6-3)$$

式中：$(x，y)$ 为在宏块 k 中的像素位置；$(i，j)$ 为在帧 n 中像素块的位置。

$$A = X_{n(i,j-1)}(x,y)$$
$$B = X_{n(i-1,j-1)}(x,y)$$
$$C = X_{n(i-1,j)}(x,y)$$

在第 k 个块的模式判决过程中，它的模式 $r(k)$ 是根据式（6 - 4），基于一个阈值 τ 决定的，即

$$r(k) = \begin{cases} 1 & \left(\dfrac{\min(\mathrm{SAD}_{\mathrm{re1}}^{\mathrm{T}}, \mathrm{SAD}_{\mathrm{re2}}^{\mathrm{T}}) + \lambda\cdot\mathrm{SAD}^{S}}{1+\lambda} \geqslant \tau\right) \\ 0 & \text{（其他）} \end{cases} \quad (6-4)$$

在式（6 – 4）中，λ 是一个权重系数。当 $r(k)=1$ 时，应该采用 WZ 编码。否则，该宏块为 SKIP 模式。也就是说，SKIP 宏块不会被编码，而是在解码器端直接通过相应的边信息进行解码。为了解码器能辨别 WZ 块和 SKIP 块的位置，需要将每帧的编码模式图发送给解码器。

6.3.2 边信息外推

6.3.2.1 边信息外推技术发展现状

DVC 系统中，解码端运动补偿的内插算法是产生边信息的一种有效的方法。内插技术的一个重要特征是解码顺序和显示顺序不同，因为参考帧涉及需解码的当前帧前后两个方向上的视频帧。虽然内插技术能够取得较好的边信息质量，但是高质量是以编码的延迟为代价的。因为每一个 WZ 帧的解码都会被推迟，直到两边的参考帧都被解码。系统延迟主要依赖于 GOP 的大小和帧率。文献［11］表明，一般情况下，超过 100ms 的延迟在视频传输中被认为是不可接受的，因此基于内插的 DVC 系统不能满足实时性要求严格的应用场合。

然而，边信息外推技术能够解决上述问题。在基于边信息外推的 DVC 系统中，只有过去的帧被用作参考帧产生边信息，从而实现顺

序编码。这种系统的主要缺点是：边信息预测质量较低。相类似的，例如，在 H. 264/AVC 标准里，B 帧相比于 P 帧取得了显著地性能增益，但却增加了复杂度和时延。

Tagliasacchi 等描述了一个基于卡尔曼滤波的运动预测的理论模型，并给出了内插和外推技术之间的性能差距——（对于测试序列）边信息的质量差别为 0. 44 ~ 2. 08dB。Borchert 等提出了基于 3DRS 算法来获得真实运动场的外推方法。与文献 [12] 相比，取得了较好所得边信息质量提高了。随后在文献 [14] 中，又实验证明了将外推算法应用到 GOP 为 16 的 DVC 系统中，系统性能与基于内插技术的 GOP 为 2 的 DVC 系统相比，持平甚至更优。Natario 等也提出了一种边信息外推法，作者指出基于外推技术的像素域编解码器的性能比 H. 263 帧内编码的性能要好。文献 [9] 提出了一种高效、低延迟、实用的基于斯坦福架构的 DVC 系统，其中采用了基于外推的边信息迭代精化算法。文献 [16] 提出了一种时空域一致性的边信息外推算法，算法基于正则化局部线性回归模型，实验结果表明：提出的算法与其他外推技术相比，取得了较好的性能。

6.3.2.2 运动补偿外推法

本节简单介绍外推法产生边信息的过程，包括如何处理图像中的重叠和未覆盖区域。如图 6 – 6 所示，边信息产生模型分为四个子模块：运动估计、运动域平滑、运动投影、处理重叠和未覆盖区域。

图 6 – 6 边信息外推法示意图

（1）运动估计：运动估计主要是为了构建用于外推边信息的运动域。为了生成当前帧的边信息，利用前两个已解码的帧 X_{n-1} 和 X_{n-2}（关键帧或 WZ 帧）进行运动估计，构建一个运动矢量场。

（2）运动域平滑：运动矢量场平滑的目的是对上一步生成运动矢量场施加光滑性约束，来增加运动预测的鲁棒性。对于每个宏块，可以将其所有的相邻块的运动矢量平均值作为当前块的运动矢量，得到平滑的运动场。由于平均值很可能受到一个单一的"非常坏"的值的影响，因此也可以取所有可用的临近块和当前块的运动矢量的中值代替平均值。

（3）运动投影：假设相邻帧之间物体的运动是线性的，使用从参考帧得到的运动矢量预测当前帧的运动场。然后利用当前帧的运动矢量场产生边信息。实现过程见图6-7。这种情况下运动补偿后会出现重叠区域和未覆盖区域，需要做进一步的处理。

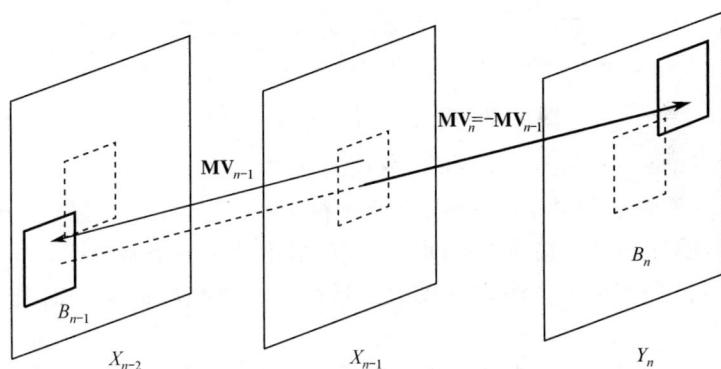

图6-7　运动补偿外推生成边信息

（4）处理重叠和未覆盖区域处理：重叠区域意味着对于一帧的同一位置有多个估计值，因此，需要确定一个唯一值。取多个预测值的平均值作为最后的估计值。对于未覆盖区域，取周围预测像素的平均值来填充未覆盖区域。

6.3.2.3　提出的边信息外推方法

如6.3.2.2节中所述，运动估计是边信息外推过程中的一个重要部分。在使用传统的块匹配算法进行运动估计时，生成一个相对稀疏的运动矢量场，然后使用这个运动矢量场进行外推生成边信息。为了提高外推后边信息的质量，可以考虑产生一个更加可靠的相对密集的运动矢量场来进行外推。因此，这里提出基于梯度的Lucas-Kanade（L-K）算法进行运动估计，生成相对密集的运动矢量场。为了尽可能发挥密集的运动矢量场进行运动估计的优势，对随后的运动场平滑以及运动外推都进行了改进。采用权重中值滤波器代替普通的中值滤波器对运动矢量场进行平滑，然后采用基于像素的外推而不是基于块的外推生成边信息。其基本过程如图 6 - 8 所示。理论上来讲，使用相对密集的运动场来进行运动估计，可以更好地适应物体的快速运动，更好地重建视频帧中的细节，能显著避免块效应同时避免外推后出现未覆盖区域。下面首先简单介绍 L - K 算法，然后详细说明边信息外推的实现过程。

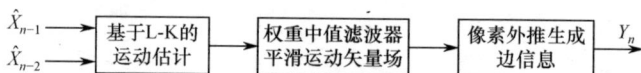

图 6 - 8　提出的边信息外推生成过程

1. Lucas – Kanade （L – K）算法的基本原理

L - K 算法最早是由 Simon Baker 在 1981 年提出的。经过几十年的发展后已有了成熟的理论框架。它的提出基于三个假设：

（1）亮度恒定。图像场景中的目标的像素在帧间运动时外观上保持不变。

（2）时间连续或者运动是小运动。图像随时间的运动比较缓慢，实际中指的是时间变化相对图像中的运动的比例要足够小。

（3）空间一致。一个场景中的同一表面上的邻近点具有相似的运动，在图像平面上的投影也在邻近区域。

相比一般的图像匹配，L - K 算法使用空间梯度信息来控制搜索位置，可以通过更少的比较来找到最优匹配点。假设使用一个模板图像 $T(x)$ 对输入图像 $I(x)$ 进行匹配,如果用来计算光流或者在视频中进行特征跟踪,那么模板 $T(x)$ 可能是在第 $n-1$ 帧抽出的子窗,则 $I(x)$ 就是第 n 帧。令 $W(x;p)$ 表示从模板 T 中取出像素 x,并把它映射到图像 I 中的位置 $W(x;p)$ 处,p 表示参数矢量。$W(x;p)$ 根据不同的应用可以有不同的定义形式。

L - K 算法的目标是使两幅图像之间的均方误差最小：

$$E = \sum_x \left[I(W(x;p)) - T(x) \right]^2 \qquad (6-5)$$

为了优化目标函数 E ，L - K 算法假定参数 p 的当前预测值事先知道，然后加上 Δp 进行迭代计算，即式（6 - 5）被不断优化，每一步 $p \leftarrow p + \Delta p$。上面两步不断迭代，直到 p 的预测值收敛。一般来说，当 Δp 小于一个预定的阈值时，认为达到收敛。

L - K 算法的求解（E 最小化过程）是一个迭代过程，用梯度下降法，实际上无法保证收敛到全局最优解。为了扩大收敛的范围，可以对图像进行光滑处理，即压缩图像高频部分。然而代价是图像细节变少，匹配变得不精确，甚至很多小于平滑滤波模板尺寸的细节将无法匹配到。解决方案之一是使用多分辨率求解，如金字塔式 L - K 算法：即首先在低分辨率时找到一种近似的匹配，然后代入更高分辨率的图像来精化低分辨率时得到的匹配。它是 L - K 算法在目标跟踪上的一种常用应用形式。以 QCIF 为例，使用金字塔式 L - K 算法进行目标跟踪的基本过程：对于一帧 176 × 144 像素的图像 I，那么它的三层金字塔图像 I_1, I_2, I_3 的像素分别为：176 × 144，88 × 72，44 × 36。在每一层的两帧之间首先应用 L - K 算法进行预测。然后从图像的金字塔的最高层 I_3（细节最少）开始向金字塔低层 I_1（丰富细节）进行迭代跟踪。通过逐层迭代，可以极大减少计算量，优化效率。

2. 基于 L - K 算法的边信息外推

1）基于 L - K 的运动估计

基于 L - K 的运动估计主要对已解码的 $\hat{X}_{n-1}$ 和 $\hat{X}_{n-2}$ 进行帧间运动估计，得到以 2 × 2 为一格的运动矢量场。首先，在 $\hat{X}_{n-1}$ 中标定特征点的位置。按照逐行扫描的顺序，每 2 × 2 格为一点，标定一个特征点。虽然 L - K 算法可以任意指定特征点的位置进行跟踪，甚至可以特别地选出最显著的一些特征点进行光流跟踪。但是为了获得一个均匀分布的运动矢量场，需要人为标定特征点的位置，使其均匀分布。其次，使用 L - K 算法在 $\hat{X}_{n-2}$ 中跟踪 $\hat{X}_{n-1}$ 标记的特征点，$\hat{X}_{n-2}$ 中搜索出的特征点坐标位置仍然按照逐行扫描的顺序存储。两帧中对应特征点的坐标相减，获得 $\hat{X}_{n-1}$ 中每个特征点 t_j 指向 $\hat{X}_{n-2}$ 的运动矢量 $V_{n-1}(t_j)$。最后，得到一个均匀的运动矢量场。

2）权重中值滤波器平滑运动矢量场

常用的中值矢量滤波器候选矢量集为当前块的运动矢量以及其 8

邻域的运动矢量，详见2.3.3节。由于L–K算法得到的运动矢量场相对密集，如果仍然沿用常用的模板，滤波区域为6×6，覆盖区域过小，不能有效的去除噪声。因此采用了新的滤波器设计，如图6–9所示。图中，X表示当前块，灰色块表示定义的X的8个邻域。改进的滤波器输入候选运动矢量仍为9个，形成的候选运动矢量集为$U = \{V_{n-1}(t_j), j = 1, \cdots, 9\}$，与常用的中值滤波器有着相同的计算复杂度。

滤波器输出应满足

$$V_{n-1} = \underset{V \in U}{\arg\min} \sum_{j=1}^{9} w_j \|V - V_{n-1}(t_j)\|_2 \qquad (6-6)$$

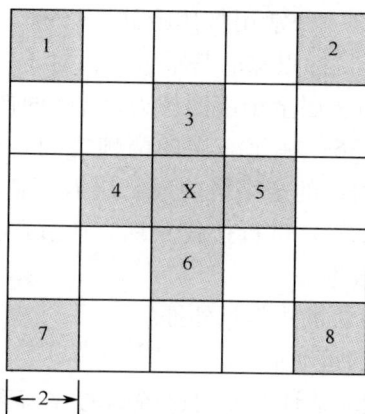

图6–9　滤波器候选运动矢量选择

考虑到均匀区域的运动预测准确度较低其预测困难，权重w_j按照下式计算：

$$w_j = \frac{|\Delta^- \hat{X}_{n-1}(t_j)| + |\Delta^\perp \hat{X}_{n-1}(t_j)| + 1}{\|V_{n-1}(t_j)\| + 1} \qquad (6-7)$$

式中：$\Delta^- \hat{X}_{n-1}(t)$和$\Delta^\perp \hat{X}_{n-1}(t)$分别为$\hat{X}_{n-1}$在$t = (t_x, t_y)$位置的水平和垂直梯度，即

$$\begin{cases} \Delta^- \hat{X}_{n-1}(t) = \hat{X}_{n-1}(t_x - 1, t_y) - \hat{X}_{n-1}(t_x + 1, t_y) \\ \Delta^\perp \hat{X}_{n-1}(t) = \hat{X}_{n-1}(t_x, t_y - 1) - \hat{X}_{n-1}(t_x, t_y + 1) \end{cases}$$

矢量的权重随着空间梯度的增加而增加，并且随着矢量长度的增

加会变小。

运动矢量场平滑之后，对那些没有特征点与其对应的位置，它们的运动矢量可以通过双线性内插方法从最近的特征点的运动矢量处获得。

3）基于像素的运动外推

运动矢量平滑后得到了 $\hat{X}_{n-1}$ 中每个像素点的运动矢量，可以沿运动矢量直接外推得到边信息 Y_n。因为 $\hat{X}_{n-2}$ 和 $\hat{X}_{n-1}$ 之间的运动矢量场与 $\hat{X}_{n-1}$ 和 $\hat{X}_n$ 之间的运动矢量场不会相同，直接外推的方法会产生一个明显的噪声矢量场。为了避免这种直接像素外推噪声场严重的问题，采用以下方法实现外推得出边信息。鉴于小于 8×8 像素大小的运动物体在 QCIF 分辨率的视频序列中比较少，这里采用的疏格的尺寸为 8×8。

（1）确定格点的运动矢量

为了得到每个疏格格点的运动矢量，先要获得每个格点的候选矢量集，再从候选矢量集中确定该格点的运动矢量。

获得每个疏格格点的候选矢量集的方法是：先将第 $n-1$ 帧的像素点沿运动矢量直接外推到第 n 帧。然后，对于每个格点 t，选取两个交点离 t 最近的运动矢量作为格点 t 的候选运动矢量。该点的候选矢量集描述为：$U_t = \{V_{n-1}(t_1), V_{n-1}(t_2)\}$，其中 $t_1, t_2 \in \hat{X}_{n-1}$。

每个格点 $t = (t_x, t_y)$ 的四个相邻格点为 $t_{x-}, t_{x+}, t_{y-}, t_{y+}$，其对应位置如图 6 - 10 所示。各个格点相应的候选矢量集为 $U_{t_{x-}}, U_{t_{x+}}, U_{t_{y-}}, U_{t_{y+}}$。

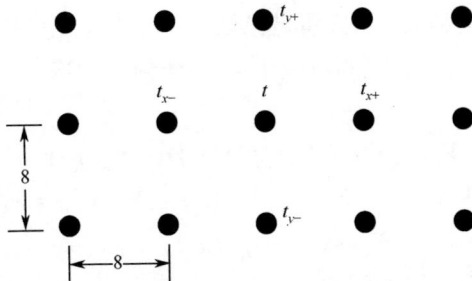

图 6 - 10　格点 t 的相邻格点定义

为了确定每个格点的运动矢量，定义一个格点代价函数 D，表示当前格点 t 到相邻格点候选矢量集的距离加权和，即

$$D(j) = \sum_{k \in \{x-,x+,y-,y+\}} w_k \| \boldsymbol{V}_{n-1}(t_k) - \boldsymbol{V}_{n-1}(t_j) \| \qquad (6-8)$$

式中：$\boldsymbol{V}_{n-1}(t_k)$ 为四个相邻格点的候选矢量集与 t_j 最近的运动矢量，即满足

$$\boldsymbol{V}_{n-1}(t_k) = \arg \min_{\boldsymbol{V} \in U_k} \| \boldsymbol{V} - \boldsymbol{V}_{n-1}(t_j) \| \qquad (6-9)$$

式中：权重系数 w_k 定义同式（6-7）。

使得代价函数值最小的运动矢量选为该格点 t 的运动矢量，即

$$\boldsymbol{V}_n(t) = \arg \min_{\boldsymbol{V}_{n-1}(t_j) \in U_t} D(j) \qquad (6-10)$$

这样，便得到了 8×8 疏格的每个格点的运动矢量。

（2）确定非格点位置的运动矢量

非格点位置的运动矢量实质上是利用格点的运动矢量加上一些平滑限制条件得到的。首先确定每个位置在第 $n-1$ 帧中的候选位置集合，然后利用候选位置集合处的运动矢量确定该点的运动矢量。

首先，对于第 n 帧中任意位置非格点位置 $t = (t_x, t_y)$，其周围四个格点坐标为

$$\begin{cases} t_{r1} = (8 \lfloor t_x/8 \rfloor, 8 \lfloor t_y/8 \rfloor) \\ t_{r2} = (8 \lfloor t_x/8 \rfloor, 8(\lfloor t_y/8 \rfloor + 1)) \\ t_{r3} = (8(\lfloor t_x/8 \rfloor + 1), 8 \lfloor t_y/8 \rfloor) \\ t_{r4} = (8(\lfloor t_x/8 \rfloor + 1), 8(\lfloor t_y/8 \rfloor + 1)) \end{cases} \qquad (6-11)$$

并且，这 4 个格点的运动矢量是已知的，为 $\boldsymbol{V}_n(t_{r1})$，$\boldsymbol{V}_n(t_{r2})$，$\boldsymbol{V}_n(t_{r3})$，$\boldsymbol{V}_n(t_{r4})$。该点 $t = (t_x, t_y)$ 的对应于第 $n-1$ 帧中的运动矢量候选集 U 定义为

$$U = \{t + \boldsymbol{V}_n(t_{r1}) + (\delta_x, \delta_y)\} \cup \{t + \boldsymbol{V}_n(t_{r2}) + (\delta_x, \delta_y)\}$$
$$\cup \{t + \boldsymbol{V}_n(t_{r3}) + (\delta_x, \delta_y)\} \cup \{t + \boldsymbol{V}_n(t_{r4}) + (\delta_x, \delta_y)\}$$
$$\cup \{t_{r1}, t_{r2}, t_{r3}, t_{r4}\} \qquad (6-12)$$

式中：(δ_x, δ_y) 为一定区间内的波动，令 $\delta = 1$，则

$$-\delta \leqslant \delta_x \leqslant \delta, \quad -\delta \leqslant \delta_y \leqslant \delta$$

其次，可以得到第 $n-1$ 帧候选位置处的所有运动矢量与当前第 n 帧的交点，并计算交点与位置 t 之间的距离。与 t 最近的交点对应的运动矢量选为 $t=(t_x,t_y)$ 处的运动矢量，则

$$V_n(t) = V_{n-1}(\hat{t}) \tag{6-13}$$

式中：$\hat{t} = \arg\min_{t_j \in U} \| t - (t_j - V_{n-1}(t_j)) \|$。

然后，获取当前帧每一个位置 t 的运动矢量 $V_n(t)$ 以后，边信息通过对过去帧进行运动补偿获得，即

$$Y_n(t) = \hat{X}_{n-1}(t + V_n(t)) \tag{6-14}$$

6.4　实验结果与分析

实验的主要目的是验证本章所提算法的性能。首先针对本章所提的边信息外推方法进行了实验。实验条件如表 6-1 所列：测试序列为 QCIF 格式的 Hall、Mother-daughter、Coastguard、Carphone 和 Foreman 序列；选取 100 帧进行实验；每组图片（GOP）的数目是 2，偶数帧为关键帧，奇数帧为 WZ 帧。实验过程中，只有每一帧的亮度分量被用来计算峰值信噪比 PSNR。

表 6-1　边信息外推实验条件

参数名称	参数值
测试序列	Hall、Mother-daughter、Coastguard、Carphone、Foreman
图像格式	QCIF
帧数	100
GOP 大小	2

在 DVC 系统中，影响系统性能的因素有很多，为了考察算法本身的性能，这里假定外推用到的参考帧关键帧都能无失真重建。同时将本章提出的外推算法与 Natario 等提出的外推算法做了比较。为了减小仿真的复杂度，仿真实验中文献［15］的边信息外推算法是基于三步搜索运动估计算法实现的，并记为 Natario 算法。表 6-2 列出了两种算法的 PSNR 值。

表 6 - 2　边信息外推的实验结果比较

视频序列	PSNR/dB	
	Natario 算法	本章算法
Hall	33. 331	34. 992
Mother - Daughter	36. 026	39. 277
Coastguard	24. 625	28. 096
Carphone	27. 618	31. 365
Foreman	26. 575	29. 961

从表 6 - 2 的实验结果可以看出，在测试的序列中，本章提出的外推算法优于 Natario 算法。使用 L - K 算法进行运动估计，大多数序列的边信息 PSNR 值有了显著提高。尤其是对复杂运动的序列，它相比普通外推明显提升了边信息质量。对于模拟视频监控场景的 Hall 序列，本章提出的基于 L - K 的边信息外推算法比 Natario 算法在 PSNR 性能上提高了约 1. 66dB。对于人物对话场景的 Mother - Daughter 序列，PSNR 值提升了约 3. 25dB。Coastguard 序列中多为线性平动，性能提高了约 3. 48dB。对于具有中等剧烈运动的 Foreman 和 Carphone 序列，本文提出的算法分别提高了约 3. 39dB 和 3. 75dB。对于 Carphone 序列，使用 L - K 算法生成边信息的提升效果最显著，也证明了 L - K 算法对快速运动物体的边界特征捕捉的显著优势。

L - K 外推算法的性能优势主要是因为：首先，L - K 算法在两个参考帧之间建立了一个密集的运动矢量场；其次，采用了新的滤波器设计有效降低了相对密集的运动矢量场的噪声；最后，并没有用直接像素外推实现边信息生成，而是采用稀疏的 8 × 8 的格点进行运动矢量精化选取。基于 L - K 算法的边信息外推方法产生一个可靠的密集运动矢量场，理论上来讲，能够很好地适应运动物体的边缘特征，同时也避免了块效应，也不会产生未覆盖区域的问题。但是密集的运动场再加上基于格点的复杂外推，导致算法的复杂度较高。

图 6 - 11 ~ 图 6 - 14 为 Hall、Mother - Daughter、Coastguard 和 Carphone 这四个序列两种外推方法生成的边信息帧的 PSNR 值分布

图。对于这四个序列，本章算法生成的边信息的每一帧的 PSNR 都明显高于 Natario 算法的结果。即使在很多突变帧处，L－K 算法也能取得较好的边信息质量。

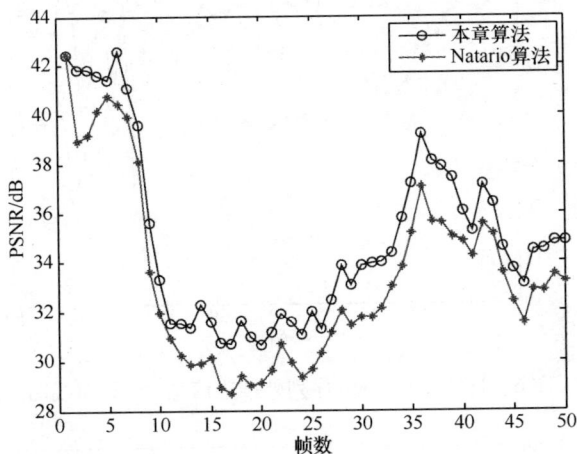

图 6－11　Hall 序列外推边信息 PSNR 曲线图

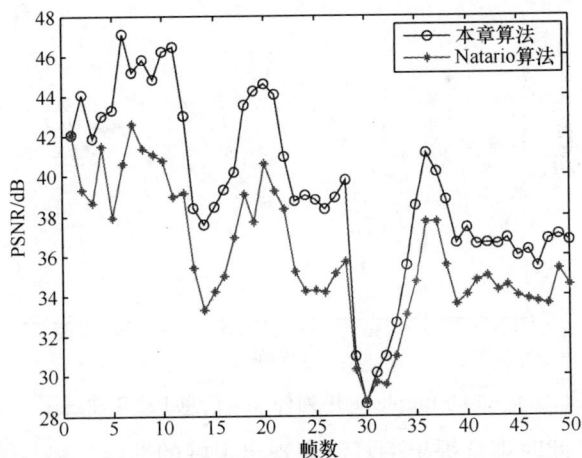

图 6－12　Mother－Daughter 序列外推边信息 PSNR 曲线图

图 6－11 中 Hall 序列的前几帧基本是静止的，两种算法的外推效果都比较好，PSNR 值达到 40dB。画面中出现了行人以后 PSNR 值

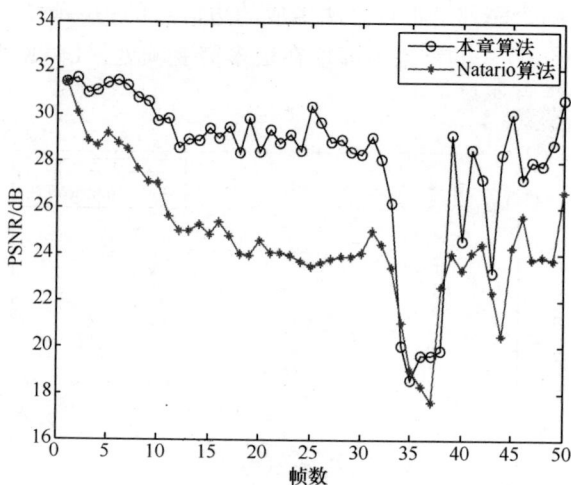

图 6 – 13　Coastguard 序列外推边信息 PSNR 曲线图

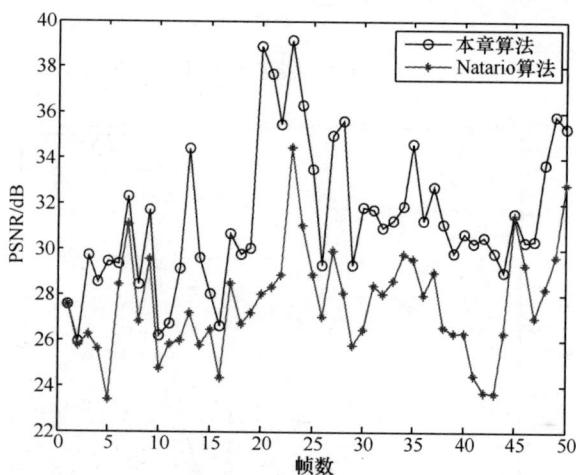

图 6 – 14　Carphone 序列外推边信息 PSNR 曲线图

迅速降低。此时本章提出的算法表现出很好的性能优势。

　　图 6 – 12 中 Mother – Daughter 序列的背景几乎不变，局部有突发运动。当出现人物转头、抬手等运动时，L – K 算法和 Natario 算法生成的边信息值差距变大。说明了 L – K 算法对突变运动物体边界特征的捕捉能力较强，生成的边信息质量也高。

图 6 - 13 中 Coastguard 运动速度较快。两船相遇重叠的几帧，运动复杂，运动估计难度较大，两种算法的性能差异比较小。除此之外，其余每帧 L - K 算法都比 Natario 算法的边信息 PSNR 值高出许多。这也说明了 L - K 算法在对快速移动物体的边界特征捕捉显著优势。Carphone 属于细节丰富、局部小运动较复杂的序列，L - K 算法生成的每一帧边信息都取得了较好的性能。

图 6 - 15 ~ 图 6 - 18 是四个序列的主观质量比较结果。图 6 - 15 显示的是 Hall 序列的第 35 帧原始图和相应的不同的边信息。从门中突然走出的人，使得监控视频发生局部的快速运动，Natario 算法生成的边信息人物比较模糊，且有明显的块效应，显然本章算法生成的边信息质量更好。图 6 - 16 显示的是 Mother - Daughter 的第 69 帧和相应的不同的边信息。母亲手部动作太快，所以 Natario 算法生成的边信息呈模糊状，母亲的手和手表都不清晰，并且背景有明显的块效应。相比之下，本章算法生成的边信息更显清晰，且没有块效应。

(a) 原始帧　　　　(b) Natario算法的边信息　　　　(c) 本章算法的边信息

图 6 - 15　Hall 序列的不同方法生成的边信息主观质量图（第 35 帧）

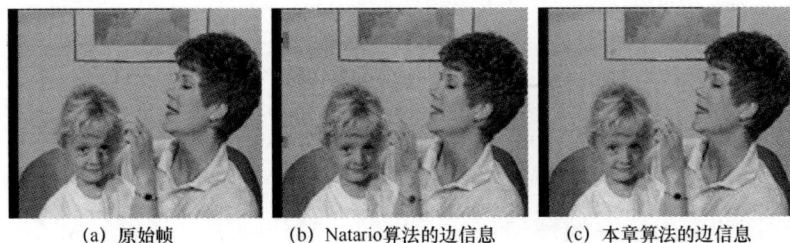

(a) 原始帧　　　　(b) Natario算法的边信息　　　　(c) 本章算法的边信息

图 6 - 16　Mother - Daughter 序列的不同方法生成的边信息主观质量图（第 69 帧）

图 6 - 17 显示的 Coastguard 序列的第 63 帧原始图和相应的不同

的边信息。两船相遇重叠，运动估计难度较大。在这种情况下，Natario算法生成的边信息出现了明显失真，两艘船的图像细节尤为不清楚甚至无法辨认。本文算法得到的边信息细节完整，比较清晰。图6-18显示的 Carphone 序列的第 69 帧原始图和相应的不同的边信息。Natario 算法生成的边信息在人的嘴巴、额头、头发等细节部分恢复比较粗糙，车后窗出现了明显的块效应，且呈现轻微变形，整帧的感觉比较模糊。本章算法生成的边信息效果非常好，对五官、头发的预测已经很接近原始帧了。

(a) 原始帧　　　　　(b) Natario算法的边信息　　　　(c) 本章算法的边信息

图6-17　Coastguard 序列的不同方法生成的边信息主观质量图（第 63 帧）

(a) 原始帧　　　　　(b) Natario算法的边信息　　　　(c) 本章算法的边信息

图6-18　Mother-Daughter 序列的不同方法生成的边信息主观质量图（第 69 帧）

　　然后，对提出的系统性能进行测试。在测试系统性能过程中，实验条件设置如表6-3所列：实验测试的视频序列是 QCIF 格式的 Hall、Mother-Daughter 序列；每组图片（GOP）的数目是 2 或者 8；每组图片中的第一帧被编码成关键帧，其他帧被编码成了 WZ 帧；QP 分别为 24，28，32，36 和 40 用来编码关键帧。由于实验时间所限，测试序列取前 40 帧。同样地，在实验过程中，只有每一帧的亮度分量被用来计算比特速率和峰值信噪比 PSNR。

表 6 – 3　系统仿真实验条件

参数名称	参数值
测试序列	Hall、Mother – Daughter
图像格式	QCIF
帧率/(f/s)	30
帧数	40
GOP 大小	2 和 8

在提出的 DVC 系统中，编码端采用一种基于阈值的模式判决方法对 WZ 帧的编码进行选择：WZ 模式或 SKIP 模式。已经验证了本章提出的基于 L – K 算法生成的边信息质量比较好，视频监控场景中相对静止的背景和运动非常缓慢的平滑区域占视频的很大一部分，这些区域在解码端可以用对应的边信息替代，因此，SKIP 模式的比例也就比较高。表 6 – 4 列出了 Hall 和 Mother – Daughter 两个序列的第 0 ~ 第 16 帧中每个 WZ 帧的宏块（仿真过程中宏块大小为 8 × 8）的 SKIP 模式情况。

表 6 – 4　Hall 序列中 SKIP 模式的统计情况

帧号	SKIP 模式/%	
	Hall	Mother – Daughter
1	88. 89	90. 66
3	88. 89	94. 19
5	87. 88	90. 66
7	88. 38	93. 94
9	89. 65	93. 69
11	88. 38	94. 95
13	88. 39	93. 43
15	87. 88	94. 70

图 6 – 19 和图 6 – 20 是 Hall 与 Mother – Daughter 两个序列在 GOP 为 2 时的率失真性能仿真图。用于比较的是 Aaron 等提出的方案。这里文献 [20] 的方案中边信息是基于运动补偿外推生成的。同时对

WZ 帧采用单一模式编码也做了测试，此时边信息仍采用本章提出的 L－K 算法生成，其他条件不变。

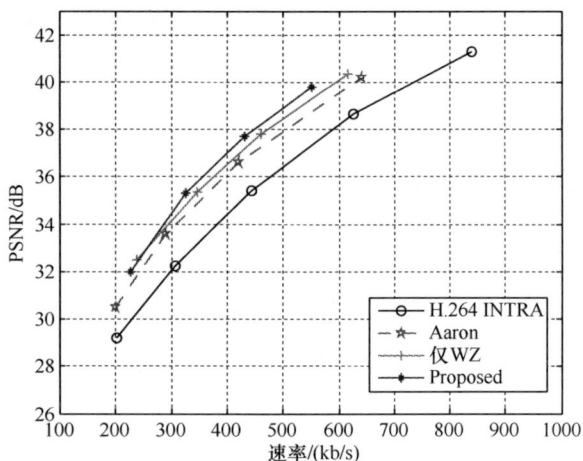

图 6－19　Hall 序列的率失真性能（GOP＝2）

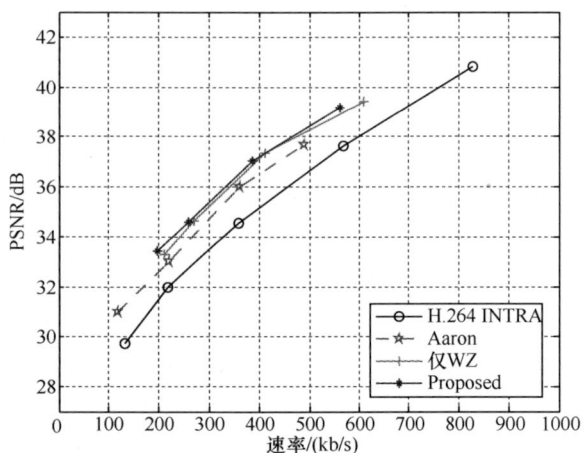

图 6－20　Mother－Daughter 序列的率失真性能（GOP＝2）

由于两个序列的低运动特性，WZ 帧编码增加 SKIP 模式后，减小了系统的码率，带来了性能增益，也说明了 WZ 帧的多模式编码可以提高整个系统的性能。对于 Hall 序列，在高比特区域，相同码率下本章提出的方案系统 PSNR 值高出 WZ 帧单一编码模式约 0.5dB，与 Aaron 提出的方案相比则高出大约 1dB 左右。对于 Mother – Daughter 序列，增加 SKIP 模式后带来的系统性能提升并不十分明显。

图 6 – 21 和图 6 – 22 是两个序列在不同的 GOP 大小时的率失真曲线。

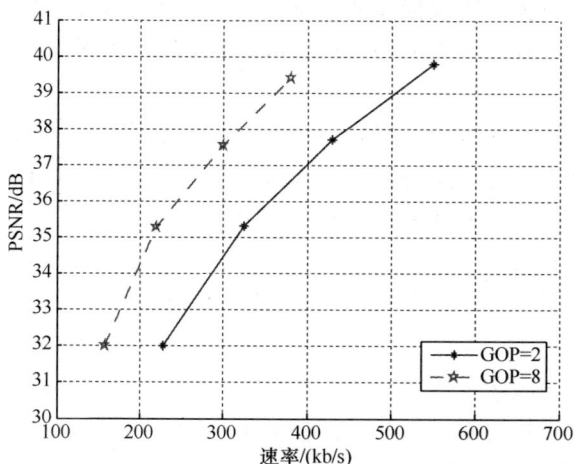

图 6 – 21   Hall 序列取不同的 GOP 的 RD 性能

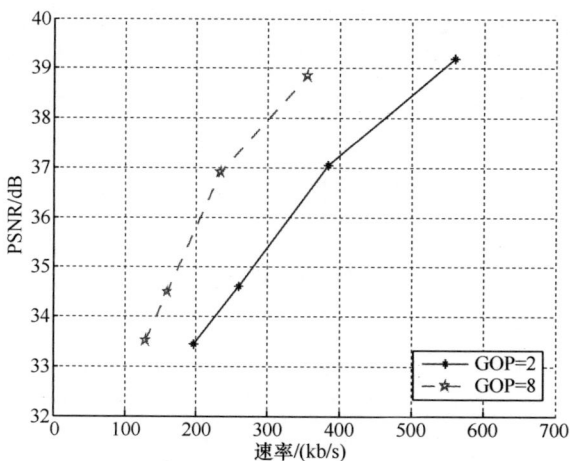

图 6 – 22   Mother – Daughter 序列取不同的 GOP 的 RD 性能

当 GOP 增加时，WZ 帧编码帧数增加，由于 WZ 编码过程与关键帧编码过程相比，编码复杂度降低了，因此使用更少的关键帧时，提高了编码效率。在解码端，随着 GOP 增加，用已解码的视频帧生成边信息产生的误差会传输到一个 GOP 组中的其他帧中，甚至到其他 GOP 组中，因此边信息质量变差。对于 Hall 和 Mother – Daughter 序列，运动比较少，错误传播的影响也就非常小。从仿真结果看出，当 GOP 增加时，Hall 和 Mother – Daughter 两个序列的系统性能都明显提高了。

在解码复杂度方面，尽管使用 L – K 算法增加了边信息模块的复杂度，但是由于边信息的质量的提升，解码端通过反馈信道请求校验比特的次数少了，整体的解码复杂度会降低。

6.5 本章小结

本章首先阐述了视频监控系统的研究意义，针对视频监控应用场景，引出低延迟分布式视频编码研究的必要性。随后介绍了几种面向视频监控的 DVC 系统方案。接着阐述了本文提出的低延迟分布式视频编码架构，对其中的两个关键模块进行了详细的分析：提出了利用时间和空间相关性进行编码端 WZ 帧的编码模式选择方法，节省了传输码率；提出了基于 L – K 算法的边信息外推技术，虽然增加了计算复杂度，但是与一般的外推技术相比，获得了更为准确的运动矢量，有效提高了边信息的质量。仿真实验验证了提出的算法提高了低延迟 DVC 系统的编码效率，但是仍然有很大的提升空间。

参 考 文 献

[1] Hampapur A, Brown L, Connell J, et al. Smart video surveillance: Exploring the concept of multiscale spatio temporal tracking [J]. IEEE Signal Processing Magazine, 2005, 22 (2): 38 – 51.

[2] Hu W, Tan T, Wang L, et al. A survey on visual surveillance of object motion and behaviors [J]. IEEE Transactions on Systems, Man, and Cybernetics, Part C: Applications and Reviews, 2004, 34 (3): 334 – 352.

[3] Kumar R, Sawhney H, Samarasekera S, et al. Aerial video surveillance and exploitation [J].

IEEE Processing, 2001, 89 (10): 1518 – 1539.

[4] Wiegand T, Sullivan G J, Bjntegaard G, et al. Overview of the H. 264/AVC video coding standard [J]. IEEE Transactions on Circuits and Systems for Video Technology, 2003, 13 (7): 560 – 576.

[5] Kumar P, Pande A, Mittal A. Efficient compression and network adaptive video coding for distributed video surveillance [J]. Multimedia Tools and Applications, 2010, 56 (12): 365 – 384.

[6] Liu Limin, Li Zhen, Delp E J. Efficient and Low – Complexity Surveillance Video Compression Using Backward – Channel Aware Wyner – Ziv Video Coding [J]. IEEE Transactions on Circuits and Systems for Video Technology, 2009, 19 (4): 453 – 465.

[7] Liu Hongbin, Ma Siwei, Fan Xiaopeng. Background Aided Surveillance – oriented Distributed Video Coding [C]. Nagoya: Picture Coding Symposium, PCS2010, 2010: 222 – 225.

[8] Zhang Yongbing, Zhao Debin, Liu Hongbin, et al. Side information generation with auto regressive model for low – delay distributed video coding [J]. Journal of Visual Communication and Image Representation, 2012, 23 (1): 229 – 236.

[9] António Tomé, Fernando Pereira. Low delay distributed video coding with refined side information [J]. Signal Processing: Image Communication, 2011, 26 (4): 220 – 235.

[10] Stefaan Mys, Jürgen Slowack, Jozef Škorupa, et al. Decoder – driven mode decision in a block – based distributed video codec [J]. Multimedia Tools and Applications, 2012, 58 (1): 239 – 266.

[11] Karlsson G. Asynchronous transfer of video [J]. IEEE Communications Magazine, 1996, 34 (8): 118 – 126.

[12] Tagliasacchi M, Tubaro S, Sarti S. On the modeling of motion in Wyner – Ziv video coding [C]. IEEE International Conference on Image Processing, 2006: 593 – 596.

[13] Borchert S, Westerlaken R P, Gunnewiek R K, et al. On extrapolating side information in distributed video coding [C]. Picture Coding Symposium, 2007.

[14] Borchert S, Westerlaken R P, Gunnewiek R K, et al. Motion compensated prediction in transform domain distributed video coding [C]. IEEE Workshop on Multimedia Signal Processing, 2008: 332 – 336.

[15] Natario L, Brites C, Ascenso J, et al. Extrapolating side information for low – delay pixel – domain distributed video coding [C]. Sardinia: International Workshop on Very Low Bit rate Video Coding, 2005: 16 – 21.

[16] Xianming Liu, Denting Zhai, Debin Zhao, et al. Side information extrapolation with temporal and spatial consistency [C]. IEEE International Symposium on Circuits and Systems, 2011: 2918 – 2921.

[17] Lucas B D, Takeo Kanade. An iterative image registration technique with an application to stereo vision [C]. Lnternational Joint Conferene on Artificial Intelligence, 1981: 674 – 679.

[18] Baker S, Matthews I. Lucas – Kanade 20years on: a unifying framework [J]. International

Journal of Computer Vision, 2004, 56 (3): 221 –255.

[19] Bouguet Y J. Pyramidal implementation of the Lucas Kanade feature tracker: description of the algorithm [EB/OL]. Intel Corporation Microprocessor Research Labs, 2000, http: // robots. standford. edu/cs223b04/algo_ tracking. pdf.

[20] Aaron A, Rane S, Setton E, et al. Transform – domain Wyner – Ziv codec for video [C]. SPIE Conference on Visual Communications and Image Processing, 2004: 520 –528.

第 7 章

基于压缩感知的分布式视频编码

7.1 引 言

压缩感知（Compressed Sensing，CS）是一种全新的信号采样理论。该理论指出，如果信号在时域或者变换域是稀疏的，就能以远低于奈奎斯特采样率的速率对信号进行随机压缩采样，然后通过适当的重构算法高概率重构出源信号。压缩感知理论最吸引人以及最具前景的地方就是压缩和采样同时进行，以及远低于奈奎斯特准则的采样率。压缩感知一经提出就受到了世界相关领域的学者和机构的重视，并投入了大量精力来研究这一理论的应用。目前压缩感知的研究成果主要集中在图像处理方面，包括图像压缩、图像去噪、图像信息安全、人脸识别等。

分布式视频编码突破了传统视频编码的束缚，将耗时耗功率的运动估计/补偿从编码端移到解码端，采用"帧内编码 + 帧间解码"技术，有效降低了编码复杂度。为了进一步降低编码端的复杂度，将CS 应用到 DVC 的编码端，产生了基于压缩感知的分布式视频编码理论（Distributed Compressive Video Sensing，DCVS）。和传统的 DVC 类似，DCVS 也在编码端将输入的视频分为关键帧和非关键帧，在编码端对这两种帧分别进行独立编码，在解码端进行联合解码，其中对非关键帧使用 CS 进行压缩采样（也称为 CS 帧），和使用 WZ 编码的传统 DVC 相比，采用 CS 编码可以减少采样数据，大大降低了对编码端硬件设备的内存和计算能力的要求，同时将采样和压缩同步进行，降低了编码端的复杂度。在解码端结合边信息和现有的重构算法能减少迭代次数、加快收敛速度，提高重构的 CS 帧质量，降低解码端的复杂度。同时 CS 也能增加信号在传输过程中的抗干扰能力和保密性，因此，DCVS 的应用前景十分广阔。

本章内容安排如下：7.2 节描述 DCVS 的基本编码结构；7.3 节介绍压缩感知的理论基础；7.4 节详细介绍了本章提出的一种基于残差重构的 DCVS 方案；7.5 节是实验结果与分析；7.6 节是本章的工作总结。

7.2　基于压缩感知的分布式视频编码结构

现有的 DCVS 系统如图 7－1 所示。在发送端将视频进行 GOP 分组，将 GOP 内的第一帧作为关键帧，其余帧作为 CS 帧。在编码端将 CS 帧进行图像块的划分，对图像块进行压缩测量，并将测量值发送到接收端，对接收到的测量值进行重构。得到重构块后进行重组，最后得到重构 CS 帧。在发送端可以对关键帧采用传统帧内预测编码，也可以采用压缩感知的方法进行压缩测量。进而在接收端采用相应的传统帧内解码方法或压缩感知重构算法对其进行重构，得到重构关键帧。

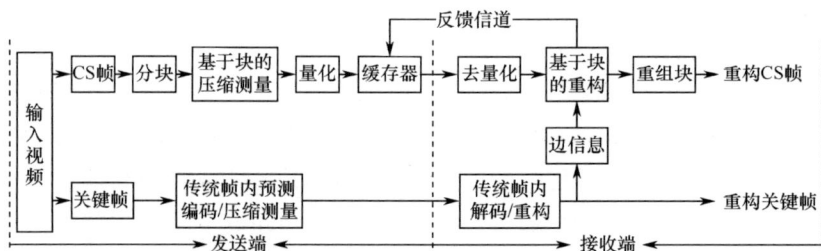

图 7－1　DCVS 系统结构

目前对 DCVS 的研究主要集中于：①在发送端进行视频序列动态 GOP 分组、码率控制、测量率的自适应分配；②在接收端进行边信息的准确生成、利用重构帧进行字典序列训练生成超完备冗余字典、利用边信息或冗余字典或联合两者对 CS 帧进行重构。

7.3 压缩感知理论

目前，压缩感知的研究主要包括三个方面，这三个方面也是其三个重要的处理步骤：信号的稀疏域表示、随机测量矩阵以及高效重构算法。信号的稀疏域表示是指找到另外一个不同于时域的变换空间，使得信号在该空间的表示尽可能稀疏，即只有一部分信号值较大，大部分信号值为零，可以看出这个步骤并不会损失原始信号的信息量。随机测量矩阵是指将源信号映射到低维空间的一个投影矩阵，其需满足约束等距性质（Restricted Isometry Property，RIP），可以看出测量矩阵既实现了信号的压缩也实现了信号的采样，高维到低位空间的映射即去除冗余实现压缩。源信号与测量矩阵相乘得到采样信号，最后利用重构算法在稀疏变换域重构出源信号。

7.3.1 压缩感知基础理论

为使问题简化，考虑在变换域中稀疏度为 K（有 K 个非零值）的离散实信号 x，且 K 远远小于信号的维度 N，即

$$x \in \boldsymbol{R}^{N \times 1} (\| \boldsymbol{\Psi}^\mathrm{T} x \|_0 \leqslant K \ll N) \tag{7-1}$$

式中：$\| . \|_0$ 为信号的 0 – 范数，即非零信号值的个数；$\boldsymbol{\Psi}$ 为某稀疏域变换矩阵，$\boldsymbol{R}^{N \times 1}$ 表示 $N \times 1$ 的实矩阵域。于是，通过随机测量矩阵可以得到信号的测量信号，即

$$y = \boldsymbol{\Phi} x \tag{7-2}$$

式中：$\boldsymbol{\Phi} \in \boldsymbol{R}^{m \times N}$ 为与 $\boldsymbol{\Psi}$ 不相关的随机测量矩阵，满足约束等距性质（Restricted Isometry Property，RIP）条件，且 $m \ll N$。在拥有了测量信号 y 和测量矩阵 $\boldsymbol{\Phi}$ 的情况下，使用 0 – 范数下的数学优化问题重构或逼近原始信号 x。

$$\mathrm{argmin} \| \boldsymbol{\Psi}^\mathrm{T} x \|_0, \quad \text{s. t.} \quad y = \boldsymbol{\Phi} x \tag{7-3}$$

可以看出压缩感知通过测量阶段得到源信号的采样信号 y，其中源信号可以是未经模数转换的模拟信号，得到的采样信号可以存储也可以传输，因此假设在接收端能够得到原始的采样信号 y，然后采用相关的数学方法将其映射到高维的源信号空间就得到了重构信号 $\hat{x}$。

因此，压缩感知的基本模型如图 7 - 2 所示。

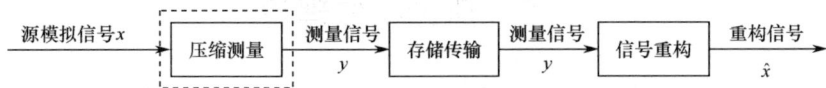

图 7 - 2　压缩感知的基本模型

如图 7 - 3 所示的传统信号处理模型（略去相关的量化编码等步骤），CS 框图与其相比不同的地方在于，对于模拟信号 CS 将采样和压缩（图 7 - 3 中的虚线框步骤）结合成一步进行，直接进行压缩测量（图 7 - 2 中的虚线框步骤），利用信号的稀疏性，以远低于奈奎斯特采样率的速率对信号进行采样测量，测量过程是对源信号的一个全局观测，即每一次测量都包含了原始信号的一部分信息量，并没有直接采样信号本身（式（7 - 2）），这样只要这些测量值能够包含原始信号的大部分信息量，就能够通过合适的重构算法以高概率重构出源信号。

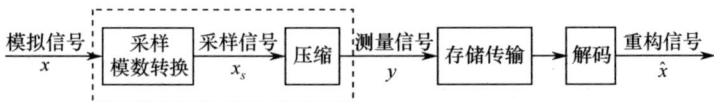

图 7 - 3　传统信号处理模型

7.3.2　信号的稀疏变换

压缩感知理论应用的前提是信号满足稀疏性。通常来说，某个信号的值在大部分时间都为零或者近似为零，而其他非零值又较大，可以说这个信号是稀疏的。这里的稀疏性可以指信号在时域下的性质，也可以指信号在相关某变换域下的性质。稀疏性的严格数学定义：假设信号 x 在正交基 $\varphi_i(i = 1,2,\cdots,N)$ 下的变换系数为 $\theta_i(i = 1,2,\cdots,N)$，其中

$$\theta_i = < x,\varphi_i > \tag{7 - 4}$$

记矩阵形式为

$$\boldsymbol{\theta} = \boldsymbol{\Psi}^{\mathrm{T}} \boldsymbol{x} \tag{7 - 5}$$

假设对于 $0 < p < 2$ 以及 $R > 0$，系数 θ_i 满足

$$\| \boldsymbol{\theta} \|_p \equiv (\sum_i | \theta_i |^p)^{1/p} \leqslant R \qquad (7-6)$$

式中：$\| . \|_p$ 为矢量的 p - 范数。

式（7-6）表明，变换系数 θ 在某种意义下是稀疏的。在压缩感知中，信号的稀疏度量准则一般采用 0 - 范数，一个信号称为 K - 稀疏信号，即指该信号在时域或者在变换域中有 K 个非零值。在实际处理的压缩感知问题中，信号在时域往往不具有稀疏性，一个重要的问题就是找到信号最稀疏的表示，在同样的采样条件下的重构质量也会越好，这是压缩感知理论应用的前提。

目前，经典的信号稀疏表示方法多数是基于稀疏域变换的，一般来说，对于信号的傅里叶变换、小波变换、DCT、Gabor 纹理变换等对信号都能够提供一定的稀疏性表示。当然，基于多尺度几何分析的第三代小波变换也能够对图像这类二维信号提供稀疏性表示，如 Ridgelet、Curvelet 以及 Contourlet 变换等。第三代小波变换着重对信号的局部形态进行稀疏表示，如图像的局部曲边缘等。最好的稀疏变换域当然是能够使信号在该空间的变换最稀疏，即保留了信号的最大信息量而几乎又不存在冗余信息。

S. G. Mallat 和 Z. Zhang 首次提出了采用超完备原子库（Over-complete Dictionary of Atoms）对信号进行稀疏分解的思想，并使用了匹配跟踪（Matching Pursuit, MP）算法。超完备原子库即冗余字典构成变换域的基函数，该字典中的各个基函数之间并不满足正交性，但应该尽可能接近原始信号的特征。MP 算法每次迭代循环都会从字典中选取一个基函数来匹配逼近原始信号，缺点是每次迭代所取得的基函数只能满足局部最优性。后来，在 1998 年 S. S. Chen 等又提出采用基追踪算法替代 MP 算法进行稀疏变换，该算法每次迭代选取的基函数虽然是全局最优的，但是复杂度高，效率低。稀疏变换主要有两个研究重点，稀疏变换空间或者稀疏变换字典的构建和变换算法。

7.3.3 测量矩阵

根据压缩感知表达式（7-2），需要使用一个随机测量矩阵得到相关的测量信号。文献［14］中 Candès 和 Tao 给出并证明了测量矩阵必须满足 RIP 条件，才能使重构质量足够的好。

RIP 条件：对于任意的 $q \in R^{|I|} (I \subset \{1, 2, \cdots, N\})$，以及 $0 \leqslant \delta \leqslant 1$，如果成立，称测量矩阵 $\boldsymbol{\varPhi}$ 满足 RIP 条件，则

$$(1 - \delta) \| q \|_2^2 \leqslant \| \boldsymbol{\varPhi}_I q \|_2^2 \leqslant (1 + \delta) \| q \|_2^2 \qquad (7-7)$$

式中：$\boldsymbol{\varPhi}_I$ 为测量矩阵 $\boldsymbol{\varPhi}$ 中由索引 I 所指示的相关列组成大小为 $m \times |I|$ 的子矩阵空间，$|I|$ 为 I 选取的索引个数；$\| . \|_2$ 为矢量的 2 - 范数。

RIP 条件的验证是一个数学上的组合复杂度问题，目前并没有比较快速的解决办法，但是相关研究给出了证明，只要两者不相关，即测量矩阵和稀疏变换矩阵之间不能相互进行线性表示，就近似等价于满足 RIP 条件。Candès 和 Tao 证明了当 $\boldsymbol{\varPhi}$ 是高斯分布的随机矩阵时，测量矩阵能以很大的概率满足 RIP 条件。高斯随机矩阵具有一个很重要的性质：当测量矩阵 $\boldsymbol{\varPhi} \in R^{m \times N}$ 的测量次数 $m \geqslant cK\log(N/K)$ 时（c 为一个很小的常数），能够有很大的概率精确重构出源信号，而且可以证明高斯随机矩阵与大部分稀疏信号之间有很强的不相关性，所需测量次数较少，但具有两个缺点：巨大的测量矩阵存储空间，以及非结构化的构造方法导致计算复杂。相关研究也对一些不同类型的测量矩阵做了性能比较和评测。

针对上述测量矩阵计算复杂存储困难的缺点，Sebert 采用结构化的分块方法提出了托普利兹矩阵的分块形态，该种矩阵能够获得较好的重构质量和较快的运算速度，从一定程度上克服了高斯矩阵等的计算复杂存储困难的缺点。对于大规模的数据处理问题，Do 等提出了结构化随机矩阵（Structurally Random Matrix，SRM），该矩阵不仅具有高斯矩阵的不相关性优点，而且计算生成简单结构多样，运算高效，不需要存储，非常适合大规模信号如图像和视频。

7.3.4 重构算法

前面已经提到，测量矩阵是一个低维到高维的映射矩阵，因此重构问题最本质的问题是对欠定方程组的求解，一般来说，欠定方程组有多个解，但是由于压缩感知理论是基于信号稀疏表示的基础上，因此可以从这许多解中选取稀疏度最大的解最为最优解。

压缩感知的重构问题可以通过求解最小 l_0 - 范数问题加以解决，但该问题是一个非确定性多项式（Non - deterministic Polynomial，NP）问题，即在多项式内，需要穷举 x 中非零值的所有 C_N^K 种排列可能，这对于通常信号的维度大小来说是不可能的。近年来，涌现出了一系列近似优化算法，主要包括最小全变分法、最小化 l_1 - 范数算法、贪婪算法、迭代阈值法以及其他算法。

7.3.4.1 最小全变分模型算法

一般压缩感知的重构算法等都是基于小规模一维信号的，对于二维图像这类大规模信号，速度较慢，不适合实际应用。针对一般的自然图像的离散梯度是稀疏的这一特点，文献［2］提出了更适合二维图像重构的最小全变分法，将图像的梯度作为重构算法的稀疏变换域。图像压缩感知的全变分模型为

$$\min \mathrm{TV}(x) \quad \mathrm{s.\,t.} \quad y = \Phi x \qquad (7-8)$$

式中：目标函数 TV (x) 为图像离散梯度之和，即

$$\mathrm{TV}(x) = \sum_{ij} \sqrt{(x_{i+1,j} - x_{i,j})^2 + (x_{i,j+1} - x_{i,j})^2} \qquad (7-9)$$

该问题的求解可以转化为数学凸优化中的二次锥规划问题。二次锥的规划（Second Order Cone Program，SOCP）等都是解决该类问题的软件包。最小全变分算法对于二维信号重构精度较高而且具有较好的鲁棒性，但是计算复杂，运算效率低，对于大尺寸图像是很难实现的，而且对图像边缘的重构质量不好。

7.3.4.2 最小 l_1 - 范数算法

基于 l_1 - 范数和 l_0 - 范数的近似性（l_1 - 范数的缺点是无法区分稀疏系数尺度的位置），可以将式（7 - 3）转化为基于 l_1 - 范数的优化问题，即

$$\arg \min \| \Psi^{\mathrm{T}} x \|_1, \quad \mathrm{s.\,t.} \quad y = \Phi x \qquad (7-10)$$

由于该问题的目标函数是线性的，可以通过数学上的线性规划方法得到最优解。最初提出的求解方法称为基追踪（Basis Pursuit，BP）算法，其优点是精度高，所需测量次数少，但计算复杂度较高，是输

入信号规模的三次幂 $O(N^3)$ ，即使对于常见的图像尺寸，算法的复杂度也是难以忍受的。后来又有人提出了内点法（inner – point method），内点法的重构精度较高，同时降低了计算复杂度为 $O(m^2 N^{3/2})$（m 为采样信号维度）。之后，Fiqueiredo 等提出了梯度映射法（Gradient Projection，GP），梯度映射算法具有很快的运算速度，重建效果也较好，非常适合图像这类大规模信号。为了提高重构算法对噪声的鲁棒性，Candès 等还提出了改进的加权最小 l_1 – 范数（Reweighted l_1 – norm Minimization）重构算法。可以看出，最小 l_1 – 范数算法的基础是数学规划理论，后续算法都是针对一些特定的应用场景和特定信号特征提出的实用性改进算法。

7.3.4.3 贪婪算法

BP 算法虽然重构质量较高，但由于求解全局最优，计算复杂，实用性不高。针对这一缺点，相关研究提出了基于贪婪思想的贪婪算法。最早的贪婪算法，匹配追踪（Matching Pursuit，MP）算法是在 1993 年提出，主要算法过程是每次循环迭代选取一个与信号最匹配的原子，并求出信号残差用于下次迭代原子的选取，直到残差满足一定的阈值时得到的信号即为重构信号。文献［27］针对 MP 算法每次迭代选取原子集合映射到测量矩阵的非正交性的缺点，提出了正交匹配追踪（Orthogonal Matching Pursuit，OMP）算法，在每次迭代过程中对已选原子集合进行施密特（Schimidt）正交化，克服了 MP 算法的缺点，因此有可能减少迭代次数，但是由于 OMP 算法寻求单步最优，没有较强的信号精确重构理论保证，因此对于某些信号或者采样信号的维数较低的情况下重构质量较低。基于 OMP 算法，相关的改进算法被陆续提出。例如，Needell 等在 OMP 基础上加入了正规化步骤对信号支撑集进行筛选提高了重构概率和速度，提出了正规化正交匹配追踪（Regularized Orthogonal Matching Pursuit，ROMP）算法；而 Donoho 等将 OMP 算法的迭代过程简化为几个阶段以提高计算速度，提出了分段式匹配追踪（Stagewise Orthogonal Matching Pursuit，StOMP）算法；在 OMP、ROMP 算法的基础上，Needell 等人采用回溯思想，提出了压缩采样匹配追踪（Compressive Sampling Matching

Pursuit，CoSaMP）算法，该算法进一步提高了信号的重构概率，而且对噪声有一定的抗干扰性。一般来说，这类基于 OMP 思想的改进算法都是以牺牲一定的重构质量的代价来降低复杂度，或者针对信号的特殊结构提高重构质量。

随后，Dai 等提出了子空间追踪（Subspace Pursuit，SP）算法并对该算法进行了理论论证，该算法迭代求解信号的 K 个支撑点，下一次迭代的时候同样利用回溯思想修正上一次找到的信号支撑集，最后通过伪逆重构出源信号。与 OMP、ROMP 这类算法相比，SP 算法在重构概率和效率上都有了改进，重构概率几乎与 BP 算法相同，但计算复杂度却减少到了 $O(mN\log K)$。针对信号稀疏度未知的情况，也有相关算法的研究。

7.3.4.4 迭代阈值法

迭代阈值法（Iterative Thresholding Algorithms，ITA），顾名思义，该类算法并不采用求解 l_1 - 范数的数学优化方法，而是采用循环迭代对信号变换域的系数值进行阈值求解，从而估计原始信号的稀疏性。该算法最早由 Fornasier 在文献［35］中提出，其他文献也做了相关研究。但是，这类算法只能保证收敛到局部最优解，而且这类算法对初值非常敏感，实用性很差。针对图像信号，Sungkwang Mun 等提出了图像变换域的 Projected Landweber 迭代阈值算法，该算法通过不停对图像稀疏域系数求阈值来进行图像重构，具有较好的重构质量和效率，但是对于能够严重影响重构质量的变换域和阈值的选取并没有提出相关的准则。

7.4 基于残差重构的 DCVS 方案

作为压缩感知领域的重要部分——重构算法，它直接影响 DCVS系统的性能。Kang 等在解码端采用 GPSR（Gradient Projection for Sparse Reconstruction）方法对关键帧进行独立重构；采用非关键帧与边信息（Side Information，SI）间的相关性改进非关键帧的 GPSR 重构过程。但是，Kang 的方法没能很好地利用时域相关性，因此信号的重构质量不高。Do 等采用已重构关键帧中的空域相邻块对重构非关键帧中的块进行稀疏表示，以提高 SI 的准确性。在 Do 的方法中，SI 的生成需要块信号的测量值，而一般来说，帧级别测量比块级别测量的性能更好；另外，SI 的生成需要逐块求解 l_1 最小化问题，复杂度很高。文献［4］和［38］都在重构端对非关键帧进行预测，并对预测值进行测量，最后对测量残差值进行重构。在预测准确的前提下，残差信号比原始信号在变换域下更为稀疏，因此残差信号的重构误差在很大概率上要小于原始信号的重构误差。但是，文献［38］首先对非关键帧进行独立重构，其次以已重构关键帧为参考进行 ME/MC，然后再次对非关键帧做残差重构。为了保证重构质量，上述过程还需迭代 n 次（一般取 5 次），可见解码复杂度很高，并不实用。

为了提高 DCVS 方案的重构信号质量，本章提出了一种基于残差重构的 DCVS 方案。该方案利用相邻关键帧迭代进行1/4 精度的 ME/MC 操作以保证 SI 的准确性；对 SI 进行测量，并对测量残差值进行总变分最小化（Total Variation Minimization，TVmin）重构。与 Kang 的方案相比，提出的方案没有过多增加解码端负担，却较大幅度地提升了非关键帧的重构质量。

7.4.1 整体结构

在编码端，将视频序列划分为若干图像组（Group of Pictures，GOP）。每个 GOP 包含一个关键帧和若干非关键帧。对关键帧和非关键帧均独立采用 SRM 进行 CS 测量；关键帧的采样率需大于非关键帧的采样率。

在解码端，首先重构每个 GOP 中的关键帧。对关键帧的测量值，独立采用 TVAL3 算法求解 TVmin 问题；其次对于非关键帧，逐帧采用如下步骤进行重构：

（1）利用相邻已重构关键帧经过 1/4 精度的迭代 ME/MC 操作生成非关键帧预测值 $\tilde{x}$；

（2）对 $\tilde{x}$ 进行 SRM 测量，得到测量值 $\tilde{y}$；

（3）计算测量残差值 y_r，并对 y_r 采用 TVAL3 算法求解 TVmin 问

题，得到重构结果 $\hat{x}_r$;

（4）将重构残差 $\hat{x}_r$ 与非关键帧预测值 $\tilde{x}$ 相加，得到非关键帧重构值 $\hat{x}$ 。

7.4.2　残差重构

残差重构是提出的 DCVS 结构的核心，下面详细对该方法的流程和性能进行分析。

假设原始信号为 x，采用测量矩阵 $\boldsymbol{\Phi}$ 进行测量，得到测量值 y。在本章算法中，并不直接采用测量值 y 进行重构，而是采用残差重构的方法。具体地，假设在重构端有待重构信号的预测值 $\tilde{x}$，对预测值 $\tilde{x}$ 进行测量，得到

$$\tilde{y} = \boldsymbol{\Phi}\tilde{x} \qquad (7-11)$$

其次，求实际测量值与预测测量残差值为

$$y_r = y - \tilde{y} = \boldsymbol{\Phi}(x - \tilde{x}) = \boldsymbol{\Phi}x_r \qquad (7-12)$$

从式（7-12）可知，y_r 实际上就是原始帧与预测值的残差 x_r 做随机投影的结果。假设 $\hat{x}_r$ 为从 y_r 中恢复出来的残差信号，则可以通过下式获取原信号 x 的重构值，即

$$\hat{x} = \hat{x}_r + \tilde{x} \qquad (7-13)$$

根据上述流程，原始信号 x 的重构误差为

$$\|x - \hat{x}\|_2 = \|(\tilde{x} + x_r) - (\tilde{x} + \hat{x}_r)\|_2 = \|x_r - \hat{x}_r\|_2 \quad (7-14)$$

根据式（7-14）可知，在残差重构算法中，原始信号 x 的重构误差由预测残差 x_r 直接决定。另外，若 $\tilde{x}$ 与 x 足够接近，则 x_r 定会比原信号 x 更为稀疏。因此，采用 CS 重构算法从 y_r 中恢复 x_r 会比从 y 中恢复 x 的误差更小。由此可以推断出，残差重构算法可以比直接重构算法获得更好的重构质量。

7.4.3　边信息生成

根据 7.4.2 节的分析，预测值 $\tilde{x}$ 的准确性是残差重构算法性能的决定因素。在提出的 DCVS 结构中，预测值 $\tilde{x}$ 就是非关键帧的 SI。SI 越准确，原始图像与其残差越小，因此残差重构的效果也越好。

为了保证 SI 准确性，在 Do 的方法中，需要逐块求解 l_1 最小化问

题以获取当前预测块的稀疏表示；而在 Mun 的方法中，则需要先直接重构非关键帧，接着多次迭代进行"ME/MC - 残差重构"操作。两种 SI 生成方法的复杂度都过高，并不实用。

类似于 DVC，可以通过在关键帧之间进行 ME，并对运动矢量调整后进行 MC 得到 SI。具体地，对关键帧进行 6 - tap FIR 滤波器插值得到 1/2 像素精度图像，继而进行双线性插值得到 1/4 像素精度图像；之后在前后两个关键帧之间双向迭代进行 1/4 像素精度的 ME/MC 操作。图 7 - 4 给出了 GOP 大小为 4 的双向迭代 ME/MC 结构。

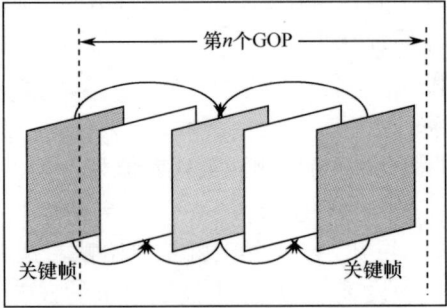

图 7 - 4　双向迭代 ME/MC 结构

7.5　实验结果与分析

为了测试算法性能，在 MATLAB 平台上仿真了本章提出的方案，并与 Kang 的方法进行比较。GOP 大小设定为 4，关键帧的采样率固定为 0.7，对于非关键帧，分别采用 5 种采样率，分别为 0.1，0.2，0.3，0.4 和 0.5。用于信号测量的 SRM 选用哈达玛（Hadamard）变换；用于信号重构的 TVAL3 算法中的 μ 选为 2^{12}，β 选为 2^6，外循环门限设为 10^{-6}，内循环门限设为 10^{-3}，最大迭代次数设为 150。采用的测试序列为 CIF 格式的"foreman"与"football"，帧率为 30 帧/秒。"foreman"序列含有较慢的运动，相对较平缓；相比之下，"football"序列细节信息丰富，包含快速运动。

表 7 - 1 列出了 5 个采样率下非关键帧重构图像的平均峰值信噪比（Peak Signal to Noise Ratio，PSNR）。

从表 7 - 1 中可以总结出，首先，在相同的采样率下，提出的方法比 Kang 的方法有较高的 PSNR 提升；随着采样率的升高，提出的方法 PSNR 提升值逐渐增大。例如，对于"foreman"序列，在 0.1 的采样率下，提出的方法可以获得 2.87dB 的 PSNR 增益；当采样率提升到 0.5 时，该值提升到 7.23dB。其次，当序列中含有快速运动和丰富细节信息时，提出的方法的非关键帧重构图像质量下降，主要原因有两个：一是，丰富细节信息导致关键帧重构质量下降；二是，快速运动导致生成的 SI 准确性降低。

表 7 - 1　非关键帧重构图像平均 PSNR

（单位：dB）

采样率	foreman		football	
	文献 [37]	提出的方法	文献 [37]	提出的方法
0.1	28.30	31.17	21.86	24.95
0.2	28.96	34.16	22.77	27.25
0.3	29.97	36.48	24.04	29.93
0.4	31.21	38.57	25.56	32.26
0.5	33.29	40.52	26.49	34.88

图 7 - 5 和图 7 - 6 分别展示了"foreman"序列与"football"序列的 SI 与残差值（取绝对值显示）。由于"foreman"序列运动缓慢，因此 SI 较为准确，图 7 - 5 中的残差值很小。在此情况下，采用 TVAL3 算法求解 TVmin 问题，整帧图像的离散梯度值较稀疏，因此

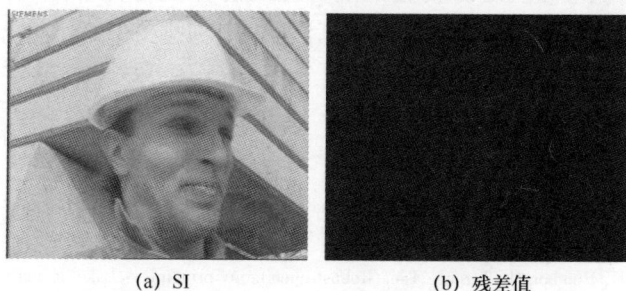

(a) SI　　　　　　　　　(b) 残差值

图 7 - 5　foreman 序列第 6 帧 SI 与残差值

可断定重构效果较好，该分析结论也与表1的实验结果吻合。相比之下，"football"序列包含快速运动，生成的 SI 失真较大，图 7-6 (b) 中的残差图像梯度值不够稀疏，因此求解 TVmin 问题的效果明显差于"foreman"序列。

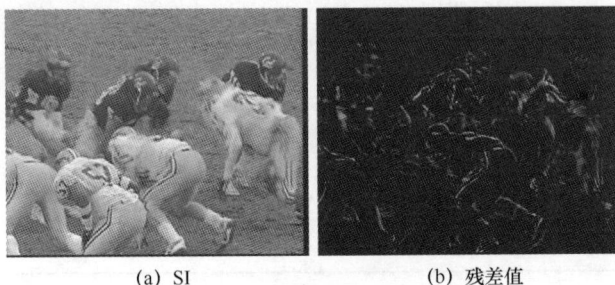

(a) SI   (b) 残差值

图 7-6　football 序列第 6 帧 SI 与残差值

7.6　本　章　小　结

本章主要研究了基于压缩感知的分布式视频编码。首先，介绍了一种现有的 DCVS 结构；接着，描述了压缩感知的基本理论；最后，为了更好地应用视频信号的时域相关性，从而提升 DCVS 框架的重构信号质量，提出了一种基于残差重构的 DCVS 方案。在该方案中，在编码端采用 SRM 独立对各帧测量；在解码端利用已重构的关键帧生成 SI，对 SI 进行解码端测量并求取测量残差；最后采用 TVAL3 算法对残差信号进行恢复。实验证明，提出的算法与传统 DCVS 方案相比，在相同的采样率下，提出的算法获得了明显的 PSNR 增益。

参 考 文 献

[1] Candès E. Compressive sampling [C]. Madrid: Proceedings of the International Congress of Mathematicians, 2006: 1433-1452.

[2] Candès E, Romberg J, Terence Tao. Robust uncertainty principles: Exact signal reconstruction from highly incomplete frequency information [J]. IEEE Transactions on Information Theory, 2006, 52 (2): 489-509.

［3］石光明，刘丹华，高大化，等. 压缩感知理论及其研究发展［J］. 电子学报，2009，37（5）：1070 – 1081.

［4］Do T T, Chen Y, Nguyen D T, et al. Distributed compressed video sensing［C］. IEEE International Conference on Image Processing, 2009：1393 – 1396.

［5］冯紫薇. 基于压缩感知的分布式视频编码［D］. 南京：南京邮电大学，2014.

［6］Otmar Scherzer. Compressive sensing：Chapter in Part 2 of the Handbook of Mathematical Methods in Imaging［M］. Springer, 2011.

［7］Donoho D L. Compressed sensing［J］. IEEE Transactions on Information Theory, 2006, 52（4）：1289 – 1306.

［8］Candès E J, Tao T. Near optimal signal recovery from random projections：Universal encoding strategies?［J］. IEEE Transactions on Information Theory, 2006, 52（12）：5406 – 5425.

［9］Pennec E L, Mallat S. Image compression with geometrical wavelets［C］. Vancouver：IEEE International Conference on Image Processing, 2000：661 – 664.

［10］Donoho D L, Vetterli M. Contourlets：A new directional multiresolution image representation ［C］. Pacific Groove：Conference Record of the Asilomar Conference on Signals, Systems and Computers, 2002：497 – 501.

［11］Starck J L, Elad M, Donoho D L. Redundant multiscale transforms and their application for morphological component analysis［J］. Advances in Imaging and Electron Physics, 2004, 132（82）：287 – 348.

［12］Mallat S G, Zhang Z. Matching pursuits with time – frequency dictionaries［J］. IEEE Transactions on Signal Processing, 1993, 41（12）：3397 – 3415.

［13］Chen S S, Donoho D L, Saunders M A. Atomic Decomposition by Basis Pursuit［J］. SIAM Journal of Science Computation, 1998, 20（1）：33 – 61.

［14］Candès E J, Tao T. Decoding by linear programming［J］. IEEE Transactions on Information Theory, 2005, 51（12）：4203 – 4215.

［15］Baraniuk R. A lecture on compressive sensing［J］. IEEE Signal Processing Magazine, 2007, 24（4）：118 – 121.

［16］Candès E, Romberg J, Terence Tao. Stable signal recovery from incomplete and inaccurate measurements［J］. Communications on Pure and Applied Mathematics, 2006, 59（8）：1207 – 1223.

［17］Tsaig Y, Donoho D L. Extensions of compressed sensing［J］. Signal Processing, 2006, 86（3）：549 – 571.

［18］Sebert F, Ying L, Zou Y M. Toeplitz block matrices in compressed sensing and their applications in imaging［C］. Washington：International Conference on Technology and Applications in Biomedicine, 2008：47 – 50.

［19］Do T T, Trany T D, Gan L. Fast compressive sampling with structurally random matrices ［C］. Washington：IEEE International Conference on Acoustics, Speech and Signal Processing, 2008: 3369 – 3372.

[20] Donoho D L. For most large underdetermined systems of linear equations, the minimal l_1 – norm solution is also the sparsest solution [J]. Communications on Pure and Applied Mathematics, 2006, 59 (6): 797 –829.

[21] Lobo M S, Vandenberghe L, Boyd S, et al. Applications of second – order cone programming [J]. Linear Algebra and Its Applications, 1998, 284 (1 –3): 193 –228.

[22] Donoho D L, Elad M, Temlyakov V N. Stable recovery of sparse over complete representations in the presence of noise [J]. IEEE Transactions on Information Theory, 2006, 52 (1): 6 – 18.

[23] Candès E, Romberg J. Signal recovery from random projections [C]. SPIE – The International Society for Optical Engineering, 2005: 76 –86.

[24] Kim S J, Koh K, Lustig M, et al. An interior – point method for large – scale l_1 regularized least squares [J]. IEEE Journal of Selected Topics in Signal Processing, 2007, 1 (4): 606 –617.

[25] Fiqueiredo M A T, Nowak R D, Wright S J. Gradient projection for sparse reconstruction: application to compressed sensing and other inverse problems [J]. IEEE Journal of Selected Topics in Signal Processing, 2007, 1 (4): 586 –597.

[26] Candès E, Braun N, Wakin M B. Sparse signal and image recovery from compressive samples [J]. Washington: IEEE International Symposium on Biomedical Imaging: From Nano to Macro, 2007: 976 –979.

[27] Tropp J A, Gilbert A C. Signal recovery from random measurements via orthogonal matching pursuit [J]. IEEE Transactions on Information Theory, 2007, 53 (12): 4655 –4666.

[28] Needell D, Vershynin R. Greedy signal recovery and uncertainty principles [C]. San Jose: Conference on Computational Imaging. San Jose, 2008: 1 – 12.

[29] Needell D, Vershynin R. Uniform uncertainty principle and signal recovery via regularized orthogonal matching pursuit [J]. Foundations of Computational Mathematics, 2009, 9 (3): 317 –334.

[30] Nguyen N H, Tran T D. The stability of regularized orthogonal matching pursuit [EB/OL]. http: //dsp. rice. edu/files/cs/Stability_ of_ ROMP. pdf.

[31] Donoho D L, Tsaig Y, Drori I, et al. Sparse solution of underdetermined linear equations by stagewise orthogonal matching pursuit [R]. Technical Report, 2006.

[32] Needell D, Tropp J A. CoSaMP: Iterative signal recovery from incomplete and inaccurate samples [J]. Applied and Computational Harmonic Analysis, 2009, 26 (3): 301 –321.

[33] Dai W, Milenkovic O. Subspace pursuit for compressive sensing signal reconstruction [J]. IEEE Transactions on Information Theory, 2009, 55 (5): 2230 –2249.

[34] Do T T, Gan L, Nguyen N, et al. Sparsity adaptive matching pursuit algorithm for practical compressed sensing [J]. Pacific Grove: In Proceedings of the 42th Asilomar Conference on

Signals, Systems, and Computers, 2008: 581 – 587.

[35] Fornasier M, Rauhut H. Iterative thresholding algorithms [J]. Applied and Computational Harmonic Analysis, 2008, 25 (2): 187 – 208.

[36] Mun S, Fowler J E. Block compressed sensing of images using directional transforms [C]. Cairo: International Conference on Image Processing, 2009: 3021 – 3024.

[37] Chen H W, Kang L W, and Lu C S. Distributed compressive video sensing [C]. Taipei: IEEE International Conference on Acoustics, Speech, and Signal Processing, 2009: 1169 – 1172.

[38] Mun S, Fowler J. Residual reconstruction for block – based compressed sensing of video [C]. Snowbird: Data Compression Conference, 2011: 183 – 192.

[39] Do T, Gan L, Nguyen N, et al. Fast and Efficient Compressive Sensing Using Structurally Random Matrices [J]. IEEE Transactions on Signal Processing, 2012, 60 (1): 139 – 154.

[40] Li C. An efficient algorithm for total variation regularization with applications to the single pixel camera and compressive sensing [D]. Houston: Rice University, 2009.

第8章

分布式多视点视频编码

8.1 引　　言

多视点视频编码通过摄像头阵列获得多视频序列，用户可以自由选择从任意角度观看和操作视听对象，提供场景漫游的交互能力，具有立体感和交互操作功能。多视点视频的出现体现了下一代多媒体应用网络化、交互性和真实感的发展方向，在自由视点电视、三维立体电视和立体视频会议等方面都有重要的应用。同时，由于多视点视频的采集装置存在计算能力、内存容量、耗电量等方面的限制，要求编码端尽量简单。因此传统的基于混合编码方式的编码标准并不适用于多视点视频中。

当把分布式视频编码应用到多视点视频中，DVC 在解码端挖掘信源统计相关性的方式，能够实现数据的高效压缩，同时较好地解决了多视点中存在的编码端摄像头交互问题和较高技术复杂度。DVC 和 MVC 的结合称为分布式多视点视频编码（Distributed Multiview Video Coding，DMVC），有时也称为多视点分布式视频编码（MDVC）。这种编码系统编码简单、解码较复杂，能够实现高效的压缩，抗误码特性好，可以广泛应用在无线视频摄像系统、无线低功耗监视网络、移动视频摄像机、传感器网络等场合中。

本章内容安排如下：8.2 节介绍 DMVC 框架与 DVC 框架的区别；8.3 节研究目前存在的空间边信息生成方法，包括基于视点间位差补偿、基于视点间单应性、基于视点变换以及基于多视点运动估计的方法，并分析各种方法的优点和缺点；8.4 小节在分析对比之前方法的基础上，重点探讨本文所采用的空间边信息的生成方法，即基于视点合成的方法，对该方法的发展、深度信息获取、合成过程进行详细说明；8.5 节是实验结果与分析；8.6 节对本章进行总结。

8.2 分布式多视点视频编码框架

DMVC 与 DVC 的不同之处在于，前者除了可以从时间方向上获得时间边信息外，还可以从视点间方向上获得视间边信息。DMVC 中 WZ 帧可以使用的参考图像帧如图 8-1 所示。

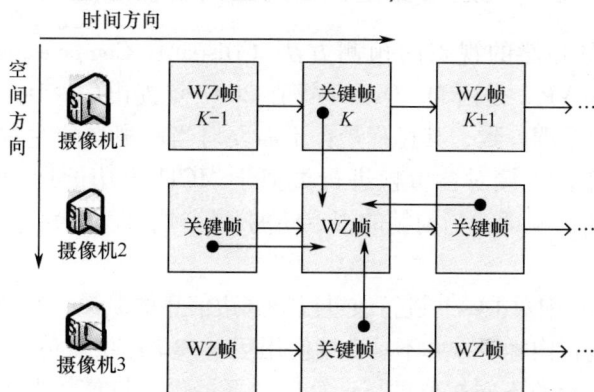

图 8-1　DMVC 中 WZ 帧可利用的参考图像帧

DMVC 编码框图如图 8-2 所示，系统的最终边信息是通过融合时间边信息和空间边信息得到的，因此相对于 DVC，DMVC 可利用

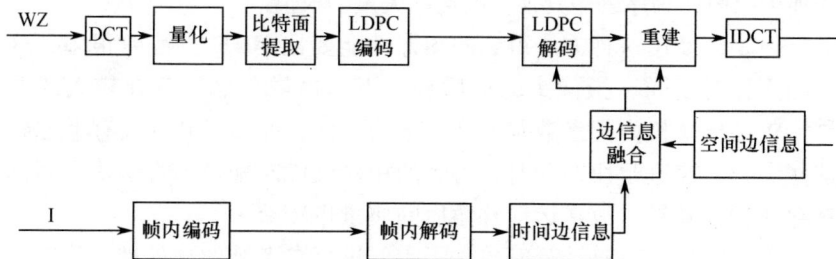

图 8-2　DMVC 系统框图

的相关性更多。其重要部分包括空间边信息的获取和边信息的有效融合。

8.3　视点间空间边信息的生成方法

同单视点一样，在 DMVC 中，获取尽量精确的边信息仍是非常重要的部分。许多研究学者对时间边信息和视间边信息的生成方法以及二者的有效融合进行研究。下面分别介绍现有的四种视点间空间边信息的生成方法，并对各自性能进行分析。

8.3.1　基于视点间位差补偿的空间边信息生成方法

基于位差补偿的视点间预测方法（Disparity Compensation View Prediction，DCVP）是由 M. Ouaret 等在 2007 年提出的。DCVP 的思想与 MCTI 的原理一致，其过程是：不需要对当前视点的左右参考帧进行任何操作，直接对参考帧进行类似于 MCTI 方法的运动补偿内插，得到的内插帧即为当前帧的视点间的预测帧，即作为视点间的初始边信息。

文献［2］中对 DCVP 进行改进以提高边信息的质量。在使用得到的运动矢量进行内插时，并不是直接使用运动矢量的中点值进行内插，而是对运动矢量的不同权值进行计算以选择最优的权值。为达到此目的，需要各个视点的第一帧使用传统方式进行编解码，在解码端，对左右视点的图像进行运动补偿，对运动矢量分别取 0.1，0.2，…，0.9 的权值。计算不同的权值所对应内插帧的 PSNR，其中，使 PSNR 最好的那个权值作为序列中其他帧的运动矢量的权值。

但是，使用这种方法得到的图像性能要比 MCTI 方法差很多，这是因为相对于同一摄像头的前后帧，不同摄像头之间存在较大的差异，包括摄像机内部参数及外部参数的不同，而 DCVP 并没有考虑到这些参数，在进行块匹配时，得到的相对最优匹配块与真实块之间仍然存在较大差异，故在运动补偿后的质量也较差。

该方法的优点是计算简单，不需要进行参考帧的预处理，使它可以方便的作为其中某个备选边信息；而且在视点间参数变化不大的地方，也可以得到较好的质量。

8.3.2 基于视点间单应性的空间边信息生成方法

视点间的空间相关性可以使用单应性来表示。单应性矩阵是一个 3×3 的矩阵，用 H 表示，它是从一个视点图像转换到另一个视点图像的对应矩阵，如图 8 – 3 所示。H 由 8 个参数 a,b,c,d,e,f,g 和 h 构成，使用 H，某一视点上的点 (x_1,y_1) 按照某一比例 λ 映射到另一视点上的点 (x_2,y_2) 如下：

$$\lambda \begin{pmatrix} x_2 \\ y_2 \\ 1 \end{pmatrix} = \begin{pmatrix} a & b & c \\ d & e & f \\ g & h & 1 \end{pmatrix} \begin{pmatrix} x_1 \\ y_1 \\ 1 \end{pmatrix} \qquad (8-1)$$

$$x_2 = \frac{ax_1 + by_1 + c}{gx_1 + hy_1 + 1}, y_2 = \frac{dx_1 + ey_1 + f}{gx_1 + hy_1 + 1} \qquad (8-2)$$

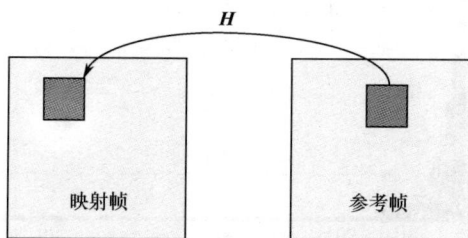

图 8 – 3　基于单应性矩阵 H 的视点间转换

计算单应性矩阵有多种不同的方法，其中比较常用的是文献 [3] 中使用的基于全局运动估计计算单应性矩阵。在计算参数的过程中，使用当前帧和映射帧的均方误差和最小作为判断条件，即

$$E = \sum_{i=1}^{N} e_i^2 (e_i = I_w(x_{wi},y_{wi}) - I(x_i,y_i)) \qquad (8-3)$$

式中：$I(x_i,y_i)$ 和 $I_w(x_{wi},y_{wi})$ 分别为参考帧和映射帧的像素值；N 为用来估计像素对的总个数。通过选择不同的 N，可以利用任意形状区域计算 E。利用 Levenberg – Marquardt 算法求解参数，通过迭代使最后的参数更加准确。

为了减少异常值的干扰，使用"截尾二阶非线性方程"以增强参数的准确性。其思想是：在参数估计过程中，只考虑误差绝对值小于某设定阈值的像素点，其他的像素点则忽略不计。因此，算法的准确性主要取决于全局运动情况，式（8-3）进一步转化为

$$E = \sum_{i=1}^{N} \rho(e_i) , \rho(e_i) = \begin{cases} e_i^2 \ (\ | \ e_i \ | \leqslant T) \\ 0 \ (\ | \ e_i \ | > T) \end{cases} \qquad (8-4)$$

式中：T 为设定的阈值。文献［3］中通过计算 $| e_i |$ 的分布直方图，从直方图中选择合适的阈值 T 以排除 $| e_i |$ 大于 T 的像素点的比例达到某一比例 $M\%$，如图 8-4 所示。当取阈值 $T = 12$ 时，大于阈值 T 的像素点都被舍弃，被舍弃的个数占总数目的 $M = 10\%$，因此减少了相应 10% 的计算量。根据不同的要求选择不同的阈值 T。

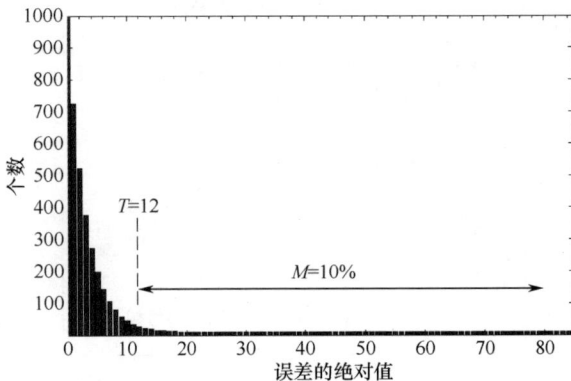

图 8-4　由误差绝对值 $| e_i |$ 的分布直方图确定阈值 T

　　在 DMVC 中，映射图像是通过计算左右摄像机的图像得到，如图 8-5 所示。由此可以得到三个不同的边信息，分别是当前视点在左、右视点映射后边信息，以及这两个边信息融合后的边信息（最简单常用的方法是取两个边信息的平均值作为融合边信息）。由于全局参数的获取需要大量的、复杂的计算，不适合在计算能力和功耗受限的编码端进行，因此在译码端进行全局参数的计算。由于我们研究摄像机不动的情况，因此全局参数只需计算一次，一旦得到参数值，在后续的操作中可以一直使用。

　　这种方法的优点是一旦得到视点间的单应性矩阵，边信息的计算就变得非常简单了，因为它不需要进行类似于 MCTI 中的基于块的运

动估计。并且，当视点间的全局运动比较明显，而视点内的局部运动比较缓慢时，该方法能达到较好的估计效果。但是，如果视点内的目标运动剧烈或朝多个不同方向运动时，这种主要依赖于全局运动的方法所达到的效果就非常差了。

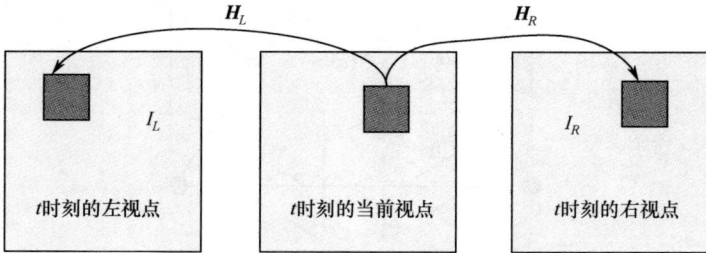

图 8 - 5　基于单应性的边信息

8.3.3　基于视点变换的空间边信息生成方法

1996 年，Seitz 提出了一种视点变换方法（View Morphing，VM），这种方法与 DIBR 技术的基本原理相似。Seitz 和 Dyer 利用投影几何原理，将图像变换（Image Morphing，IM）技术扩展到视图变换。该方法是将参考图像信息还原到三维空间，然后重新投影到虚拟视点的图像平面。

视点变换技术属于采用部分几何信息的 IBR 系统，它需要的基本矩阵是使用代数表示的核面几何学的信息。假设三维空间场景中存在一点 P，两个光心分别位于 C_0 和 C_1 点的摄像机同时观测该点，P 在左右摄像机图像上的投影点分别为 P_0 和 P_1。由点 P，C_0 和 C_1 构成的平面称为核面 π，核面与图像平面的交线称为核线，如图 8 - 6 所示。通过计算某一摄像机上的点与另一摄像机上该点对应的核线之间的映射关系，可以得到所需要的基本矩阵。因此，视点变换技术采用的几何信息也是图像点之间的对应关系。图 8 - 7 显示了视点变换的效果。

在视点变换算法的输入端，提供左右摄像机实际拍摄的图像以及图像之间区域的映射关系，或者各个相机平面从 3D 坐标到 2D 坐标变换的摄影矩阵，经过运算，输出一幅来自虚拟视点的合成图像。它可以从两个不同视点的图像中重构出其光心连线上的任何一个新视点的图像。

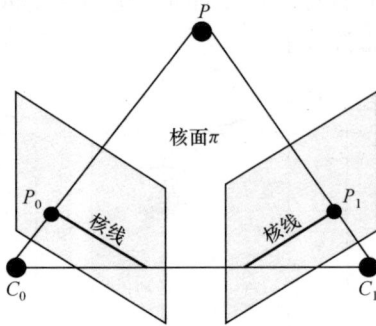

图 8 - 6　核面及相应的核线

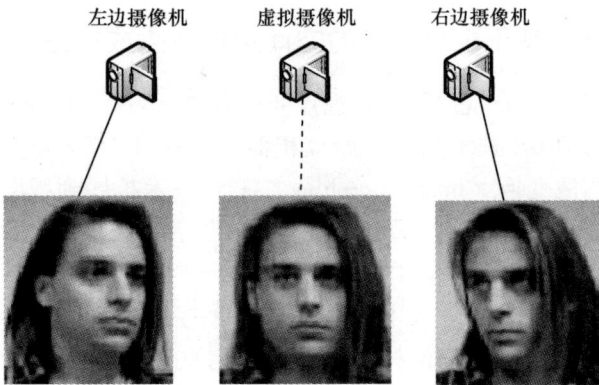

图 8 - 7　使用视点变换方法合成的虚拟视点的图像

视点变换技术的具体实现分为三个步骤：预变换、插值和后变换。图 8 - 8 描述了该变换的过程。

（1）确定图像之间的对应关系，利用类似极线校正的方法进行预变换，这种预变换的本质是一种二维图像变换（2D Image Warping），其结果是将输入图像变换到两个相互平行的视平面上，即将 I_0 和 I_1 分别映射到 I_0' 和 I_1'，后者处在同一平面上。

（2）对同一视平面上的图像采用直接的视图插值技术（View Interpolation）生成新图像，即使用 I_0' 和 I_1' 插值生成 I_S'。

（3）对插值得到的新图像进行后变换，变换到新视点的图像平面上，得到 I_s。（图 8 – 8 中 P 表示三维场景中的一点，C_0、C_1 和 C_s 分别表示实际摄像机和虚拟摄像机的光心点。）

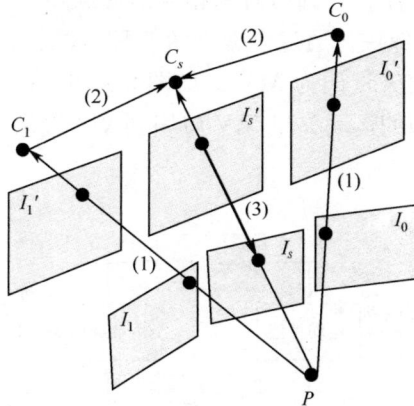

图 8 – 8　使用视点变换方法合成光心为 C_s 的虚拟视点

视点变换技术的优点是插值结果更加逼真，不需要三维建模，绘制速度快。但该技术的难点是如何通过确定关键点之间的对应关系来确定变换的基本矩阵。Seitz 给出了在未知几何信息的条件下，通过交互式设定一些关键点确定对应关系，使视点变换技术可以用于真实场景。但在实际操作中，很难通过交互式来确定复杂场景的对应关系，这也是视点变换技术的一个不足之处。另外，视点变换技术的插值范围比较有限，应用范围受限。

8.3.4　基于多视点运动估计的空间边信息生成方法

多视点运动估计方法（Multi – view Motion Estimation，MVME）由 Xavi Artigas 在文献［5］中提出，估计两侧的参考摄像机内的前后帧的运动矢量，将得到的参考摄像机的运动矢量应用到当前需要进行 WZ 解码的摄像机的图像中，如图 8 – 9 所示。其中，从一个视点到另一视点之间的运动矢量需要先计算出来，如果摄像机之间的相对位置不发生变化，可以重复利用获得的视点之间的运动矢量。

该方法的过程如下：首先对 WZ 摄像机的 $k-1$ 帧的某一图像块，通过全搜索的方法，找到其在参考摄像机的 $k-1$ 帧内对应的图像块，得到该块视点间的运动矢量 **DV**。对 WZ 摄像机 $k-1$ 帧的所有图像块进行相同操作，找到所有块相应的视点间矢量 **DV**。对参考摄像机 $k-1$ 帧的图像块，通过全搜索块匹配方法，在第 k 帧内寻找匹配块，此时的运动矢量记为 **MV**，如图 8-10（a）所示。最后将得到参考摄像机帧间的运动矢量 **MV** 应用到 WZ 摄像机上，即使用第 k 帧预测第 $k-1$ 帧。

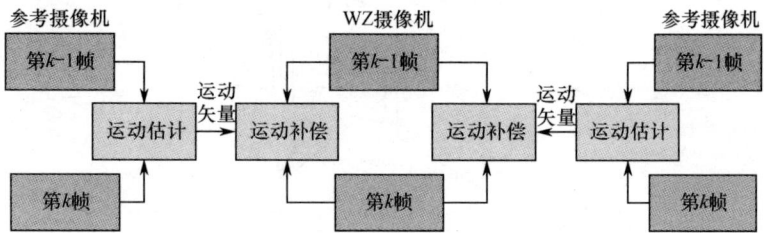

图 8-9   MVME 在 DMVC 中的结构

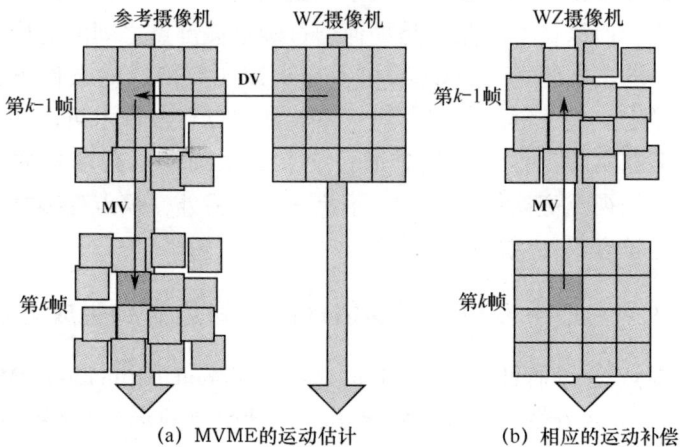

(a) MVME的运动估计   (b) 相应的运动补偿

图 8-10   多视点运动估计方法

MVME 有几种不同的运动路径对于 WZ 帧进行估计，一共有 8 条路径，其中 4 条称为内部路径，如图 8-11（a）所示；另外 4 条称为外部路径，如图 8-11（b）所示。每一条路径都可以生成一个估计帧。使用内部路径进行估计的过程如前所述，首先计算视点间的运动矢量 **DV**，然后计算参考摄像机前后帧之间的运动矢量 **MV**。使用外部路径进行估计的过程则与之相反，该路径是首先计算参考摄像机前后帧之间的运动矢量 **MV**，之后再计算视点间的运动矢量 **DV**，最后将 **MV** 应用到 WZ 摄像机内，完成 WZ 帧的预测。

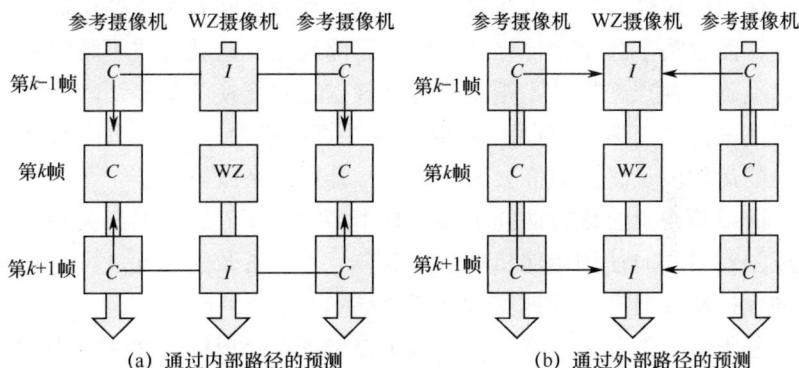

(a) 通过内部路径的预测　　　　　(b) 通过外部路径的预测

图 8-11　MVME 中 WZ 帧有四帧参考帧时的 8 条可能预测路径

为得到更高质量的边信息，通常的做法是对通过不同路径得到的边信息进行融合，其中最简单的办法是对各个边信息取其平均值。采用对不同路径的边信息赋予不同的权值的办法，通常会得到更好的效果。在这种情况下，可以采用最小均方误差准则（MSE）或者最小平均绝对误差（MAD）等方法作为权值的判断准则。

MVME 方法存在的不足之处如下：

（1）视点之间运动矢量 **DV** 的计算增加了生成空间边信息的时间消耗，并且对于摄像机变动的情况，**DV** 需要时时更新，这也增加了复杂度。

（2）在得到时间点运动矢量 **DV** 和参考摄像机内部运动矢量 **MV** 后，该运动矢量应用到 WZ 摄像机时，需要进行块的调整，即通过搜索得到的匹配块的位置可能并不是规则位置的图像块，在运用运动矢量进行预测之前，需要将不规则的图像块调整到规则位置，这中间就可能造成误差。

8.4　空间边信息生成方法

以上各方法中 DCVP 没有充分利用多视点视频序列的特点，如某视点内物体的运动速度取决于该物体与视点的深度信息；而且简单的平移变换模型很难准确描述摄像头诸如旋转、缩放以及内部参数等特点。使用单应性矩阵的方法试图建立一个多视点间的物体的全局运动模型，而忽略了各个物体在视点内的局部运动，这就造成了映射结果不够准确。视点变换技术很难确定关键点之间变换的基本矩阵，并且插值范围比较有限。MVME 需要同时计算视点之间的运动矢量和视点内的运动矢量，并且需要时时更新，计算复杂度增加。

而虚拟视点合成方法能够充分利用多视频序列之间的相关性，在合成图像时同时使用摄像机的内部参数、外部参数以及深度图像，生成的虚拟图像具有生成速度快、图像准确的优点。

鉴于以上的分析，本章采用基于虚拟视点合成的方法生成 DMVC 的空间边信息。下面对视点合成方法的发展、关键技术和合成过程进行介绍。

8.4.1　视点合成的发展

虚拟视点合成技术一直是计算机视觉领域的研究热点，它是三维立体和多视点视频应用，如三维电影、三维电视、三维视频会议、自由视点电视（FTV）等领域的关键技术之一，它保证在显示端可以快速、有效地恢复出不同视点的图像，使用户在享受立体感的同时获得流畅的视点切换。因此，虚拟视点生成技术的研究对于三维立体和多视点视频的发展和应用，具有重要的研究意义，也越来越受到学术界和工业界的关注。

现有的虚拟视点合成技术概括起来主要分为三种：基于模型的绘制（Model – Based Rendering，MBR）、基于图像绘制（Image – Based Rendering，IBR）以及近年来新兴的基于深度图像的绘制（Depth Image Based Rendering，DIBR）。

（1）MBR 技术是利用计算机视觉和计算机图像学技术，对真实场景进行建模，然后根据建立的场景模型生成虚拟视点位置处的图像。

该技术的优点是：在对真实场景建立三维模型之后，可以精确地描述物体的形状等信息，绘制出的虚拟视点的图像质量比较高；并且数据存储量比较小，只需存储物体三维模型的几何参数；另外，它可以绘制任意角度的虚拟视点图像。

其缺点是随着场景复杂度的提高，对物体建立三维模型的复杂度也逐渐提高，因此该方法不适合对实际应用中复杂场景的实时三维建模，并且，MBR 技术对计算机的性能要求非常高，普通的电脑不能满足其需求。

（2）基于图像的虚拟视点绘制技术是一种直接根据参考图像生成虚拟视点的方法。IBR 技术不需要复杂的几何计算，只需要从已有的参考图像中提取相关信息（以离散的图像采样点表示）来合成虚拟视点位置处的图像。

根据利用的三维几何信息的多少，可以将 IBR 技术分为三类：不用几何信息的 IBR 技术、使用隐式几何信息的 IBR 技术和使用显式几何信息的 IBR 技术。

（3）DIBR 是一种使用隐式几何信息的 IBR 技术，同时是 IBR 技术的一个独立的发展方向。其基本思想是：利用参考视点图像及其深度信息合成各个像素点在虚拟视点图像中的对应位置，用作当前编码图像的一个预测参考图像。

由于 DIBR 技术只需要一路二维视频和一路深度图（其中编码深度信息只需 10%~20% 的普通视频比特率），就能够在解码端绘制出任意位置的虚拟视点图像，因此网络传输负担较小，并且绘制速度比较快。DIBR 技术是一种比较有发展前途的技术，已经引起了广泛的关注和研究。本章就采用基于深度图像的虚拟视点合成技术。要实现用 DIBR 方法合成虚拟视点的前提是需要参考视点的图像和对应的深度图，以及虚拟视点和参考视点的相机参数。

8.4.2　深度信息获取方法

场景中各点对于摄像机的距离可以用深度图（Depth Map，DM）

表示，即深度图中的每一个像素值表示场景中某一点与摄像机之间的距离，获取这些距离的过程被称为提取深度信息或深度提取或估计。

深度图的获取一直是计算机视觉系统的重要任务之一，主要有两种途径：一是通过深度相机自动获取；二是通过视差估计得到视差图，再通过转换得到深度图。由于深度相机存在价格昂贵等因素，目前还没有得到大规模的应用。因此，通过视差估计获取深度图的方法逐渐成为一个研究热点。

最基本的双目立体几何关系如图 8 - 12 所示。它由两个完全相同的摄像机构成，二者的坐标轴相互平行，且 x 轴重合，两个图像平面位于同一个平面内。两个摄像机同时观测空间场景中的点 P，P 在左右摄像机图像上的投影点分别为 $P_L = (x_L, y)$ 和 $P_R = (x_R, y)$，它们具有相同的纵坐标。由此可以计算出 P 点的视差为 Disparity $= x_L - x_R$，则该点 P 的深度值可由下式计算得出

$$Z_P = \frac{Bf}{\text{Disparity}} \qquad (8-5)$$

式中：B 为两相机的中心距离，通常称为立体图像对的基线距离；f 为摄像机的焦距。视差越大说明物体离相机平面的距离越近，反之，说明物体离相机平面的距离越远。从上式中可以看出，立体视觉中最为关键的部分是找出左、右两幅图像中的对应点处的视差，即立体匹配。

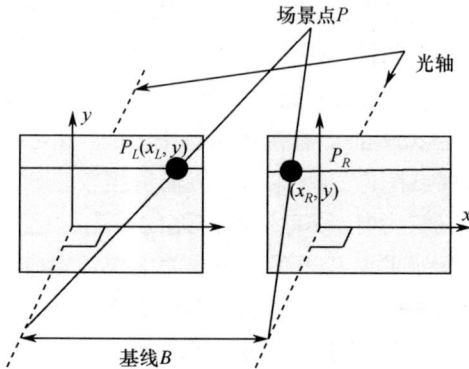

图 8 - 12　双目立体视觉几何模型

8.4.3 虚拟视点合成过程

在得到深度图之后，就可以利用视频图像和深度图进行虚拟视点的合成。为简单起见，考虑只用一路摄像机合成另一路虚拟视点的过程，如图8-13所示。

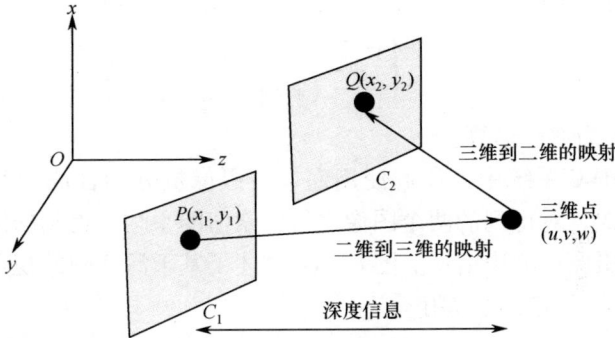

图8-13 视点合成预测的过程

采用3D变换的方式进行视点合成，其中3D映射是视点合成的核心步骤。3D映射是一个基于点对点的映射过程，即将参考图像中某点的像素值赋值给合成图像中对应的映射像素点的像素值。具体过程是：首先将二维参考图像 C_1 中某个像素点 P 的坐标 (x_1, y_1) 映射到一个三维空间坐标点 (u, v, w)；然后再将该三维空间坐标点反映射到目标视点 C_2 的图像坐标 (x_2, y_2) 处；最后将 P 点的像素值赋给映射后的像素点 Q，这样就得到了合成图像的一个像素点。反复进行该过程，直到将参考图像的各个像素点都映射到合成图像，由此就得到了一幅合成视点图像。

该点对点的映射过程可以用以下几个步骤进行描述：

将参考摄像机 C_1 中的 P 的坐标点 (x_1, y_1) 用下式映射到三维空间坐标 (u, v, w)：

$$[u, v, w]^T = R(c_1)A^{-1}(c_1)[x_1, y_1, 1]^T D(t, x_1, y_1) + T(c_1)$$

$$(8-6)$$

式中：$A(C)$ 为摄像机 C 的内在固有矩阵参数；$R(C)$ 为摄像机 C 的旋转矩阵参数；$T(C)$ 为摄像机 C 的一个线性偏移矢量；$D(t, x, y)$ 为参

考图像的深度图在 t 时刻点 (x,y) 处的深度值。

将三维空间坐标 (u,v,w) 用下式映射成合成视点 C_2 的坐标 (x',y',z')：

$$[x',y',z']^{\mathrm{T}} = A(c_2)R^{-1}(c_2)\{[u,v,w]^{\mathrm{T}} - T(c_2)\} \quad (8-7)$$

将上述得到的坐标转化为图像坐标，则得到合成视点 C_2 的像素点 Q 的坐标，即

$$\begin{cases} x_2 = [x'/z'] \\ y_2 = [y'/z'] \end{cases} \quad (8-8)$$

式中：$[\cdot]$ 为取整运算。

在 DMVC 系统中，我们使用左、右摄像机分别合成中间摄像机的虚拟图像，对得到的两个图像进行像素值的平均，得到的结果图像作为中间摄像机的边信息。图 8-14 描述了基于深度图的视点合成技术在 MDVC 系统中的应用。

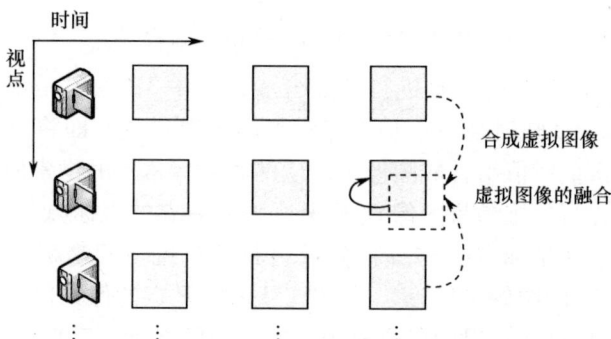

图 8-14　DMVC 中的基于深度图视点合成方法的预测结构

8.5　实验结果与分析

实验采用的视频测试序列由微软研究院（Microsoft Research，MSR）交互视觉媒体组提供，对 Breakdancer 和 Ballet 序列进行仿真，序列包括由 8 个摄像机捕获的 100 幅图像（像素为 1024×768）及相应的深度图（每幅深度图都是由 8 位的灰度值组成，灰度值 0 表示对应像素离摄像机最远，255 表示对应像素离摄像机最近），同时需要

摄像机标定参数。在 MSR 公布的测试程序中，所有摄像机的深度图都参考同一个摄像机（如 Breakdancer 中参考 cam4），也即实际的深度图经过转换满足其坐标值处在同一参考坐标系下。

为便于研究，以 cam4 作为中间视点，对第 2 帧进行视点合成。参考视点 cam3 和 cam5 的第 2 帧及其深度图如图 8-15 所示。

(a) cam3的第2帧   (b) cam3的第2帧的深度图

(c) cam5的第2帧   (d) cam5的第2帧的深度图

图 8-15　合成 cam4 的第 2 帧所需要的原始图像及深度图

接下来使用图 8-8 所示的虚拟视点合成过程合成 cam4 的第 2 帧。程序由文献［9］的作者 S. B. Kang 提供，程序需要的参数包括图像大小、cam3 和 cam5 的第 2 帧的原始图和深度图、左右摄像机深度图的最大值和最小值（Breakdancer 上述两值分别为 120 和 44，Ballet 分别为 130 和 42）、摄像机参数矩阵。Breakdancer 的 cam4 第 2 帧的合成的图像如图 8-16 所示，Ballet 序列 cam4 第 2 帧的合成的图像如图 8-17 所示，其中左边是原始帧，右边是虚拟合成后的图像。

由图 8-16 可以看出，使用 VSP 合成的图像与原始图像具有很

大的相似性，主观视觉效果非常好。合成帧灰度分量的 PSNR 值是
33.61dB，客观性能很好。但由于相邻视点之间存在位置和角度的不
同，导致在合成图像中产生失真，如图 8 - 16（b）中地板位置与原
始图像有轻微角度的偏差。

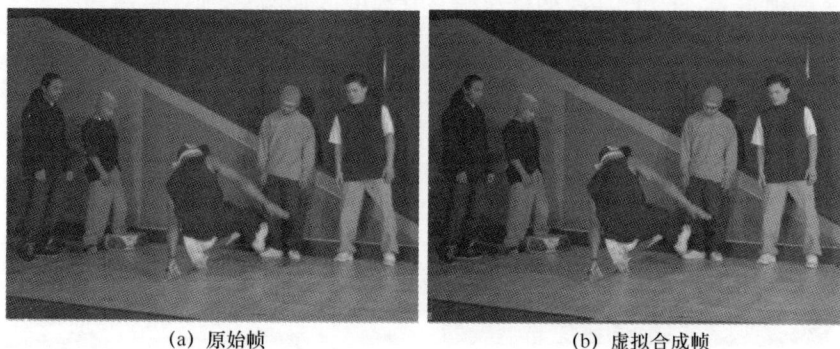

(a) 原始帧　　　　　　　　　　　(b) 虚拟合成帧

图 8 - 16　虚拟视点合成效果图，Breakdancer 序列 cam4 的第 2 帧

图 8 - 17 为合成的图像与原始图像在主观视觉效果上非常接近，
其灰度分量的 PSNR 值是 34.82dB。同样由于位置、角度的偏差，
图 8 - 17（b）中间舞者的左耳处有较大失真。得到的合成图像作为
DMVC 的视点间方向上的边信息。

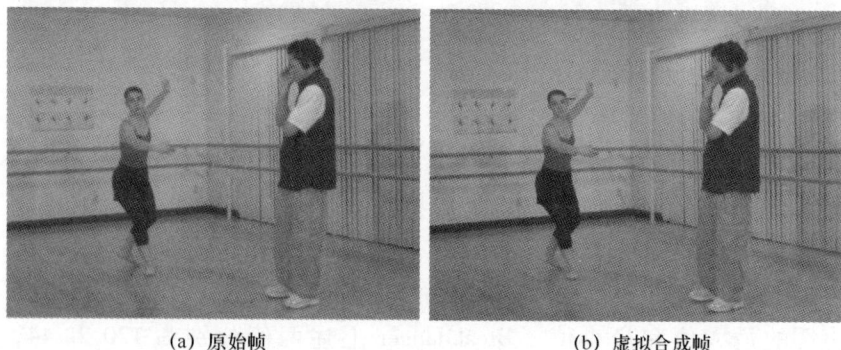

(a) 原始帧　　　　　　　　　　　(b) 虚拟合成帧

图 8 - 17　虚拟视点合成效果图，Ballet 序列 cam4 的第 2 帧

目前的基于深度图的虚拟视点合成方法存在以下一些问题。由三
维映射的公式可知，该方法在合成虚拟视点时，需要使用到摄像机的

内外参数及运动参数，以及图像对应的深度图。首先，由于不同的摄像机内可能存在曝光时间、焦距长短、设定的快门速度等各个方面的差异，这就造成实际使用的摄像机是异构相机，由此会造成不同视点图像中的不匹配问题（如产生重叠、重采样和空洞等）。其次，深度图的获取需要估计图像的几何信息，而正确估计物体的几何信息一直是计算机视觉领域难以解决的问题。目前存在的估计方法尚不完善，仍需进一步的研究。

然而，相对于其他的视点间边信息的生成方法，由虚拟视点合成方法生成的边信息仍具有快速，准确的优点。一些研究学者也对该方法存在的问题进行研究和改进，如文献［12］提出在虚拟视点合成方法中，使用自适应的滤波器，以减少和改善异构相机带来的图像不匹配问题。

8.6　本章小结

本章对分布式多视点视频编码系统的框架和空间边信息的生成方法进行介绍，详细介绍了本章选用的方法即基于虚拟视点合成方法，对 Breakdancer 和 Ballet 进行仿真，给出实验结果，并分析虚拟视点合成方法的性能。

参 考 文 献

［1］Smolic A, Kimata H. Report on Status of 3DAV Exploration ［R］. Pattaya: ISO/IEC JTC1/ SC29/WG11, 2003.

［2］Ouaret M, Dufaux F, Ebrahimi T. Multi – view distributed video coding with encoder driven fusion ［C］. Poznan: European Conference on Signal Processing , 2007.

［3］Dufaux F, Konrad J. Efficent, robust, and fast global motion estimation for video coding ［J］. IEEE Transactions on Image Processing, 2000, 9 （3）: 497 –501.

［4］Seitz S M, Dyer C R. View Morphing ［C］. New Orleans: In Proceedings of the 23rd Annual Conference on Computer Graphics and Interactive Techniques, 1996: 21 –30.

［5］Artigas X, Tarres F, Torres L. Comparison of different side information generation methods for multi – view distributed video coding ［C］. Barcelona: In Proceedings of the International

Conference on Signal Processing and Multimedia Applications, 2007.

[6] Martinian E, Behrens A, Xin J, et al. View synthesis for multi – view video compression [C]. Beijing: In Proceedings of the 25th Picture Coding Symposium, 2006.

[7] Curless B, Levoy M. A volumetric method for building complex models from range images [C]. SIGGRAPH, 1996: 303 – 312.

[8] Shum H Y, Kang S B. A review of image – based rendering techniques [C]. IEEE/SPIE Visual Communications and Image Processing, 2000: 2 – 13.

[9] Zitnick C L, Kang S B, Uyttendaele M, et al. High – quality video view interpolation using a layered representation [J]. Los Angeles: ACM SIGGRAPH and ACM Transactions on Graphics, 2004, 23 (3): 600 – 608.

[10] http: //research. microsoft. com/en – us/um/people/sbkang/3dvideodownload/.

[11] Artigas X, Angeli E, Torres L. Side information generation for multi – view distributed video coding using a fusion approach [C]. Reykjavik: In Proceedings of the 7th Nordic Signal Processing Symposium, 2007: 50 – 253.

[12] Shimizu S, Tonomura Y, Kimata H, et al. Improved View Interpolation for Side Information in Multi – view Distributed Video Coding [C]. 2009 3rd ACM/IEEE International Conference on Distributed Smart Cameras, 2009.

[13] Ouaret M, Dufaux F, Ebrahimi T. Iterative multi – view side information for enhanced reconstruction in distributed video coding [EB/OL]. EURASIP Journal on Image and Video Processing, 2009. http: //jivp. eurasipjournals. com/content/2009/1/591915.

缩 略 语

ADI	Arbitrary Directional Intra	任意方向帧内预测
AIP	Angular Intra Prediction	角度帧内预测
AKF	Adaptive Kalman Filter	自适应卡尔曼滤波
AMVP	Advanced Motion Vector Prediction	高级运动矢量预测
AOBMC	Adaptive Overlapped Block Motion Compensation	自适应重叠块运动补偿
ARQ	Automatic Retransmission request	自动重传请求
BBGDS	Block – Based Gradient Descent Search	基于块的梯度下降搜索
BCH	Bose Ray Chaudhuri Hocquenghem	BCH 码
BMA	Boundary Matching Algorithm	边界匹配算法
CABAC	Context – Adaptive Binary Arithmetic Coding	基于上下文的二进制算术编码
CAVLC	Context – Adaptive Variable Length Coding	基于上下文自适应变长编码
CIF	Common Intermediate Format	普通媒介格式
CN	Correlation Noise	相关噪声
CRC	Cyclic Redundant Check	循环冗余校验
CU	Coding Unit	编码单元
DCT	Discrete Cosine Transform	离散余弦变换
DPCM	Differential Pulse Code Modulation	差分脉冲编码调制
DRC	Decoder Rate Control	解码端码率控制
DS	Diamond Search	钻石搜索
DSC	Distributed Source Coding	分布式信源编码

DVC	Distributed Video Coding	分布式视频编码
DWT	Discrete Wavelet Transform	离散小波变换
ERC	Encoder Rate Control	编码端码率控制
FEC	Forward Error Correction	前向错误纠正
FS	Full Search	全搜索
FSS	Four Step Search	四步搜索
GOP	Grope of Pictures	图像组
HEVC	High Efficiency Video Coding	高效视频编码
HOPTTI	Higher – Order Piecewise Temporal Trajectory Interpolation	高阶分段轨迹的时域内插
HRC	Hybrid Rate Control	混合码率控制
ISO	International Organization for Standardization	国际标准化组织
ITU – T	International Telecommunication Union Tele-communication Standardization Sector	国际电信联盟电信标准化组
JCT – VC	Joint Collaborative Team on Video Coding	国际数字视频压缩标准组织
KF	Kalman Filter	卡尔曼滤波
LDPC	Low Density Parity Check	低密度奇偶校验码
MAD	Mean Absolute Difference	平均绝对误差
MCFI	Motion Compensated Frame Interpolation	运动补偿帧内插
MPEG	Moving Picture Expert Group	活动图像专家组
MSE	Mean Squared Error	均方误差
MV	Motion Vector	运动矢量
MVC	Multiview Video Coding	多视点视频编码
NAL	Network Abstraction Layer	网络抽象层
NTSS	New Three Step Search	新三步搜索
PSNR	Peak Signal to Noise Radio	峰值信噪比
PU	Prediction Unit	预测单元
QCIF	Quarter Common Intermediate Format	1/4 普通媒介格式
RD	Rate Distortion	率失真

RSC	Recursive Systematic Convolutional	循环系统卷积
SAD	Sum of Absolute Difference	绝对误差和
SI	Side Information	边信息
SISO	Soft – Input Soft – Output	软输入软输出
SPIHT	Set Partitioning In Hierarchical Trees	等级树分集
SSD	Sum of Square Difference	误差平方和
STBMA	Spatio – Temporal Boundary Matching Algorithm	时空边界匹配算法
SW	Slepian – Wolf	Slepian – Wolf
TSS	Three Step Search	三步搜索
TU	Transform Unit	变换单元
UDI	Unified Intra prediction	联合帧内预测
WZ	Wyner – Ziv	Wyner – Ziv
3DRS	3D Recursive Search	三维递归搜索
CS	Compressed Sensing	压缩感知
DCVS	Distributed Compressive Video Sensing	分布式压缩感知
DMVC	Distributed Multiview Video Coding	分布式多视点视频编码
MVME	Multiview Motion Estimation	多视点运动估计
MBR	Model – Based Rendering	基于模型的绘制
IBR	Image – Based Rendering	基于图像的绘制
DIBR	Depth Image Based Rendering	基于深度图的绘制